自然には
びっくりがいっぱい！

# 天達(あまたつ)のお天気
## 1日1へぇ〜

気象予報士
**天達武史**

幻冬舎

## はじめに

　こんにちは。天気の達人こと天達です（笑）。
　自分でいうと恥ずかしいですが、僕の本名です。「天達」は鹿児島県の枕崎に多い名前なんですって。僕は神奈川県横須賀市出身ですが、ルーツは確かに鹿児島です。はじめにこんなに長い自己紹介をしてしまいすみません。
　まずは、この本を手に取っていただきありがとうございます。この本は、僕が出演している「とくダネ！」のお天気コーナー「あまダネ」で放送された話題を中心に一冊の本にまとめたものです。お天気の本ですが、難しい気象学を学ぶ本ではありません。季節ごとにみなさんのまわりで起きている身近な出来事や、たまに出会える美しい光景、またその土地でしか食べられない旬の食べ物など、チョコッとだけでも天気に関係していることであれば書いてみました。「1日1へぇ〜」。これは僕がいつも天気予報を伝える時のモットーです。この本も、「へぇ〜」って思ってもらえることをテーマに書いています。
　でも本当に「へぇ〜」って思ってもらえるか？　ちょっと不安もあります（笑）。とにかく少しでも天気に興味をもっていただき、友だちや家族、会社の人に思わず話したくなってしまう天気の話題がいっぱいです。文字だけでなく僕が描いたイラストや写真も入れてみました。手に取ってくださったみなさんには本当に感謝しております。この本をきっかけに、天気はもちろん、身のまわりの自然や環境に興味をもっていただけたらうれしいです。

はじめに―1

 北風ビュー　つぼみ目覚めて　サクラサク

寒さのなかにもちらりとぬくもりが―6
長雨を表す言葉はいくつある？―7
3Kの日は厳重に対策を！―8
飛べなかった花粉がいっきに飛散―9
ヒスイカズラの命をつなぐ―10
太陽と花粉がつくる光の輪―11
遭難を教訓にした言葉―12
桜の開花には寒さが必要―13
いっきに春がくる年は桜が先？―14
春の日差しは夏休み明けと同じ―15
緑色からピンクに変わる―16

桜の花びらを吸ってみた―17
5時間半で開花から満開へ―18
我慢強い人こそ要注意―19
5月から6月だけの幻の滝―20
春の空はコロコロと変わりやすい―22
一瞬だけの緑の太陽―23
東京湾の無人島で育つ海の幸―24
純金より高額だったことも―25
春でも車内の置き去りはキケン―26
隣町は豪雨ということも―27
【たまげった～】
海のなかから春を探そう―28

 青空に　入道雲が　潜んでる

排水溝の掃除をしよう―30
8月なのに寒くてジメジメ…―31
土砂崩れ防止に「根」が活躍―32
【コラム】
季節の声を探してみよう―33

日陰と日なたの温度差は5度以上―34
【コラム】
梅雨の原因はこれだ！―35
毛髪と湿度の意外な関係―36
ゲリラ豪雨は冠水に注意―37

竜巻や雷雨を予兆する雲 ― 38

大きさも寿命も桁違いのスケール ― 40

天気だけじゃない！ ご当地注意報 ― 42

1年で一生を終えるホタル ― 44

【質問箱】
仕事は楽しいですか？ ― 45

お天気雨の原因は雲か風 ― 46

【コラム】
「ところにより」の「ところ」ってどこ？ ― 47

いつがチャンス？ 虹が出る条件 ― 48

成長に欠かせない太陽の光 ― 49

太陽の光を反射して輝くヒカリモ ― 50

ゲリラ豪雨の雲は数分でできる ― 51

【質問箱】
好きな雲は何ですか？ ― 52

なぜ花びらが透明になるのかな？ ― 54

【たまげった～】
群馬県昭和村のあま～いホワイトアスパラ ― 55

台風の名前にコンパスやテンビン ― 56

将来は最高気温が45度に？ ― 58

【たまげった～】
3時間だけ出現！
幻の砂浜で潮干狩り ― 60

 木枯らしや　初もの続々　運ぶ風

残暑と台風の深い関係 ― 62

スギは地球環境を守る ― 63

雷から身を守る方法はこれ！ ― 64

山を越えた強風がつくるつるし雲 ― 66

秋の空は変幻自在 ― 67

山から雲が流れる珍現象 ― 68

氷のつぶが反射して見える暈 ― 69

十五夜の月が見られる確率は41% ― 70

秋の気温はジェットコースター ― 71

秋に咲く桜は台風のせい ― 72

【たまげった～】
小倉智昭もうなった…高千穂のかっぽ鶏 ― 73

気温に合わせたコーディネイトを ― 74

寒暖差や気圧の変化で病気発症 ― 76

冬に紅葉を見るようになるかも ― 78

秋の楽しみ四段染め — 79
季節の変わり目は雨続き — 80
【たまげった〜】
なんとあのししゃもがお寿司に！しかも絶品!! — 81

雁渡しは神風か？ — 82
自然の不思議！　肱川あらし — 83
【たまげった〜】
寒さがつくり出す幻の寒晒蕎麦 — 84

## 冬将軍　大雪・吹雪　正体は…

雷鳴は寒ブリの幕開け号砲 — 86
プロ野球と天気の不思議な関係 — 88
【コラム】
日の出が一番早い場所 — 89
関東の雪は予報士泣かせ — 90
年明け3日から4日が見頃 — 92
ちょっと怖い天からの手紙 — 93
圧巻の氷瀑を見に行こう — 94
【たまげった〜】
幻の魚ばばちゃん — 95
幸せになるチャンスは2回！ — 96
北国の春の知らせ — 97
七色に輝く謎の雲の正体は？ — 98
【たまげった〜】
龍馬も食した？　絶品潮かつお — 99
シベリア高気圧が重し — 100
【コラム】
日本の最低気温の記録は？
破られない極寒記録 — 101

1か月で夏日とみぞれを体験 — 102
一度は見たいアイスサークル — 104
寒さがつくるジュエリーアイス — 105
湿度がカギ　インフルエンザ予防 — 106
【コラム】
寒そうで寒くないフィンランド式健康法 — 107
シベリア寒気団の力技 — 108
ビルの4階まで雪が積もった！ — 110
寒さと湿度、風がつくる幻想世界 — 112
流氷の故郷はアムール川 — 114
氷の結晶が美しいシモバシラ — 116
トンネル内でグンと成長 — 117
感動の天気予報がしてみたい — 118

おわりに — 119

北風ビュー
つぼみ目覚めて
サクラサク

● 立春に 春が始まる これ本当？
# 寒さのなかにもちらりとぬくもりが

　「立春」って聞くと「おー、今日から春か！」って、寒い冬を忘れてしまいそうです。でも、よく考えたらまだ2月4日頃ですから、1年のうちで最も寒さが厳しい時期です。じゃあ何でこの日が立春なの、って思うかもしれませんが、一番寒さが厳しいということは、あとは気温は上がるだけ。

　体感的に、かなり無理はあるかもしれませんが、日差しは気温より早く力強さを増してきますし、この頃から数日に一度くらい日差しのぬくもりを感じられる日が出てきます。昔は立春を1年の始まりとしていて、春から夏に変わる節目の日である「八十八夜」や、台風の襲来に備える「二百十日」も立春から数えていました。ただ、この時期、急に暖かくなった日の翌日は必ずといっていいほど真冬の寒さに逆戻りします。「三寒四温」という言葉がありますが、この時期はまだよくて「五寒二温」くらい。まだまだ寒い日が優勢です。

● 春の雨　シトシト長く　菜種梅雨(なたねづゆ)
# 長雨(ながあめ)を表す言葉はいくつある？

　一般的(いっぱんてき)に「梅雨(つゆ)」といえば6月から7月頃をいいますが、3月頃にも短い梅雨があります。菜の花が咲く頃の雨の季節ということで、「菜種梅雨」といいます。期間は2週間程度と短く、年によってははっきりと現れないこともありますが、シトシトと降り続き、震(ふる)えるような寒さの日もあるので体調管理に注意が必要です。

　菜種梅雨のほかにも季節の変わり目にはぐずつく時期があり、9月頃は「秋雨(あきさめ)」や「秋霖(しゅうりん)」、晩秋(ばんしゅう)から初冬(しょとう)へ変わる11月から12月初めにかけては「山茶花梅雨(さざんかつゆ)」といいます。さらに、伊勢(いせ)や伊豆(いず)地方の船乗りの言葉で4月から5月頃のぐずついた天気を「たけのこ梅雨」と呼ぶことがあります。季節の変わり目に、その時期見られる植物の名前がつけられているなんておしゃれですね。四季がはっきりしている日本ならでは。そう考えると、季節の変わり目の嫌(いや)な長雨も許(ゆる)せちゃうかもしれません。

● 花粉飛散！　PM・黄砂で　もっと悲惨
# 3Kの日は厳重に対策を！

　2月も半ばを過ぎるとようやくポカポカ陽気の日がやってきますが、花粉症の方々にとっては辛い季節の到来です。涙目になり、ティッシュ片手にマスクという花粉症おなじみのスタイル。私も今年で花粉症歴13年。薬を飲まないと症状がひどくなって顔が腫れてしまいます。

　花粉がよく飛ぶ気象条件に、「3K」といわれるものがあります。3Kとは、強風・乾燥・高温。この3つがそろうと、"大量飛散のおそれあり"です。3Kに「雨の日の翌日」が加わるとさらに飛びます。

　最近は花粉だけではなく、中国大陸から黄砂やPM2.5などが飛んできて花粉にくっつき、悪さをするといいます。医師によると、花粉だけを吸い込むより、PM2.5や黄砂を含んだ花粉を吸い込んだほうが、アレルギー症状を悪化させたり、ぜんそくを引き起こしたりすることがあるのだそうです。

● 雨上がり　晴れたらピンチ　2倍飛ぶ
## 飛べなかった花粉がいっきに飛散(ひさん)

　花粉の季節に雨が降るとホッとします。さすがに雨の日は花粉が飛ぶ量も減り、落ち着いて過ごせます。この時期だけは雨を願っている人も多いんじゃないでしょうか？

　ところが、そんな幸せな時間は長く続きません。翌日には雨が止(や)みピーカンに。実は、この雨上がりのピーカンこそが花粉症の人にとっては最も危険です。雨で飛びたくても飛べずに木の枝でくすぶっていた花粉たちが、いまかいまかと飛び出す時を待っているのです。特に雨上がりの午後、気温が上がり風が強まると、普段の2倍飛ぶなんてこともあります。お出かけの際には、花粉が服にくっついてもすぐ落とせるようにツルツルした素材の上着がおすすめです。

　また、花粉症じゃない人も室内に花粉をもち込まないよう、玄関の外で洋服をしっかり払(はら)い、花粉を落としてから入ってくださいね。

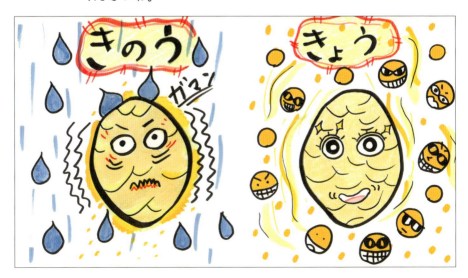

● コウモリが 花粉を運ぶ 救世主
# ヒスイカズラの命をつなぐ

　「花粉」と聞くだけで鼻がむずむずする。花粉症を患っている方には、その言葉だけでも辛いですね。ただ、花粉は植物が代々命をつないで生存するために不可欠なもの。植物は自分で動くことができないので、花粉を運んでくれる生き物が必要です。春の花々にミツバチがとまって、花粉を運んでいることを学校で習った方も多いのではないでしょうか。

　実は花粉を運んでくれるのは、ミツバチや昆虫だけではありません。鮮やかな色の花を咲かせるヒスイカズラというマメ科の植物は、意外な生き物が花粉を運んでいるのです。

　それは、コウモリです。コウモリが、蜜を吸って花から花へ移ることで、受粉を手伝ってくれているのです。

　ヒスイカズラの花言葉は「私を忘れないで」。虫たちには忘れられてしまっても、闇夜を飛び交うコウモリだけがこの花のことを覚えていてくれたのですね。

● 魔のサークル　花粉光環　現れる！
# 太陽と花粉がつくる光の輪

　花粉シーズンまっただなか！　ふと空を見上げると、七色の光のサークルが現れていることがあります。思わず、「わー、きれいだなぁ…」なんて、のんきに空を眺めていられる人は幸せ者です。

　この光の輪っかの正体は「花粉光環」。大量の花粉が空に舞い、花粉のつぶに太陽光が当たって虹のような光の輪っかをつくっているのです。つまり花粉光環は花粉の大量飛散を教えてくれる魔のサークルです。こんな日はいくら晴れていても洗濯物を外に干すのは控えたほうがよさそうです。

　花粉のピークは、1日のうちに2回あるといわれています。1回目は暖かくなって花粉が飛び出す昼前後、2回目は上空に舞っていた花粉が落ちてくる夕方頃です。

　昼だけでなく、夕方買い物に行く時も花粉対策をしっかり行いましょう。

● 春一番　実は怖いぞ！　嵐呼ぶ
# 遭難を教訓にした言葉

「もうすぐ春ですね〜♪　ちょっと気取ってみませんか〜♪」。「春一番」というとキャンディーズのこの曲を思い浮かべる人も多いかもしれません。でも、気象の世界で「春一番」といえば、気象用語にもなっている、立春から春分にかけて初めて吹く強い南風です。南風と聞くと春のポカポカ陽気を想像するかもしれませんが、春一番はそんなに甘いものではありません。

春一番という言葉を使い始めたのは、長崎県壱岐郡郷ノ浦（現在の壱岐市）の漁師さんです。1859年2月13日、その日は快晴で漁師さんたちは漁に出ました。ところが突然、海上には黒い雲がわき、天候は急変。強い南風のために船は遭難し、53人の命が奪われてしまいました。それからというもの春先に吹く強い南風を「春一」とか「春一番」と呼び、おそれるようになりました。海と共生する壱岐の人々の「自然の怖さを忘れないように」との思いを込めて、春一番の塔が郷ノ浦港の公園に建てられています。

天気予報で春一番という言葉を聞いたら、車の運転や交通機関の乱れなどに注意してください。

また、春一番が吹いた翌日は冬に逆戻りしてしまいます。春一番は冬と春のせめぎ合いが始まった合図。寒暖差が大きくなりますので、みなさんご自愛ください。

● 北風ビュー　つぼみ目覚めて　サクラサク
# 桜の開花には寒さが必要

　「休眠打破」。この言葉を聞いて、眠気覚ましのあのドリンク剤を想像してしまった方はいませんか？

　あながち間違っているとはいえません。というのも、休眠打破とは秋に葉を落として休眠していた花芽が、冬に一定期間寒さにさらされることでパッと目覚めることをいいます。つまり、桜のつぼみは寒さによって開花スイッチが入るんです。桜が咲くためには暖かさも必要ですが、冬の間、ある一定期間寒さに触れないと開花がうまく進まないんですね。

　このまま地球温暖化が進むと、暖かすぎて桜が咲かないという珍現象が起こるかもしれません。すでに九州では南の鹿児島より冷え込みの強い福岡や熊本から開花することが多くなっていますし、さらに暖かい沖縄では山の頂上付近からふもとに向かってゆっくり咲き進むところもあります。

●みちのくで 梅と桜の 猛レース
# いっきに春がくる年は桜が先？

「梅は咲いたか♪ 桜はまだかいな〜♪」。明治時代の歌にあるように、梅や桜は昔から春の訪れの象徴だったみたいですね。奈良時代にできた『万葉集』には、桜を詠んだ歌は40首余り、梅を詠んだ歌は110首余りあるそうで、貴族たちの間では桜より梅が人気があったようです。通常、西日本や東日本では梅が早春の訪れを告げ、桜が春本番を教えてくれます。

ところが、北日本では毎年、「梅が先か？ 桜が先か？」、梅と桜のデッドヒートが繰り広げられています。例年、盛岡や青森辺りまでは梅が先に開花するのですが、その後桜前線が梅前線に追いつき、どちらが先に津軽海峡を渡るか、一進一退の攻防を繰り広げています。北日本ではこの時期いっきに春めいて暖かくなることから、東北辺りで桜前線がスピードアップして梅前線にせまります。特に、冬が例年以上に寒かったのに、いっきに春がやってくるような年は、東北地方で桜前線が梅前線を追い抜いてしまうことがあります。

北国の春は百花繚乱！ 梅や桜だけでなくタンポポや花桃など、いっせいに春の花たちが咲き乱れ贅沢なお花見が楽しめます。

● お花見は　うっかり日焼けに　ご用心
# 春の日差しは夏休み明けと同じ

　桜が満開を迎える頃になると、ようやくポカポカ陽気が続くようになります。スギ花粉もピークを越えて、お花見宴会など戸外で過ごすことも多くなってくるでしょう。ようやく安心して過ごせると思ったら、とんでもない。この時期はもう紫外線に注意が必要になります。

　実は、この時期の紫外線の強さは、子どもたちが真っ黒に日焼けして登校してくる夏休み明けと同じくらいになっています。長く紫外線を浴びていると、肌が赤くやけどするくらい強まっています。しかも、この時期はまだ肌を露出する機会が少なく、強い日差しに肌が慣れていませんから余計にダメージが大きくなってしまいます。宴会で酔っぱらって顔が真っ赤になっているのかと思ったら、実は日焼けだった…、なんてことにならないよう、日焼け止めクリームや長袖の服、帽子などで日焼け対策をしっかり行いましょう。

● 桜にも 緑色ある これ本当！
# 緑色からピンクに変わる

淡い緑色(上)からピンク色に(下)。

「緑色の桜があるんですよ」なんていったら、葉桜かと思いますよね。

でも、本当にあるんです、緑色をした桜の花が。その名も、御衣黄。花の色が高貴な貴族の衣装のもえぎ色に近いため、このような名前がついたようです。ソメイヨシノが咲き終わった後に咲き始めるので、葉桜だと思われてしまい、余計に目立たない存在になっているのかもしれません。

しかし、御衣黄はただの緑色の桜ではありません。何と、咲いている期間中、色がいろいろ変わるんです（シャレではなく…）。咲き始めは濃い緑色ですが、次第に黄色味を帯びてきます。そして散り際にはピンク色に変わります。葉桜のような姿からピンクに変わって一生を終える。桜のイメージとは真逆ですね。お花見シーズンが終わる頃に、公園や空き地などにひっそりと咲いています。探してみてはいかがでしょうか？

● 花びらが 散るか？残るか？　色次第
# 桜の花びらを吸ってみた

　よく「花の命は短くて」っていいますよね。桜の花も桜吹雪となって舞い、あっという間に葉桜になってしまうイメージがあるかもしれません。

　でもね、桜の花びらって寿命がくるまでは台風みたいな強風が吹かない限り、飛ばされないんです。なんでそんなことがいえるのかって？

　以前、桜の花びらは本当に風に強いのかという実験をしようということになり、公園の桜の花びらを掃除機で吸ってみたんですよ。もちろん許可をもらってです。

　そうしたら、まだ寿命がきていない花びらは掃除機で吸ってもびくともしない。まったく散りませんでした。桜の花びらは意外と強いんです。

　では、寿命がきているかどうかはどうしたらわかるのか？それは、花の中心の色を見ると一目瞭然。花の中心が赤く染まってきたら寿命がきている証拠です。もう次の風で飛んでしまいます。でも、花の中心が黄色っぽかったらまだ元気な証拠です。風が吹いても飛ぶことはまずありません。だから、数日後にお花見をしようという時は、天気予報も大切ですが、花の色もチェックしてみてください。

17

● 今朝開花　嘘でしょ!?夕方　満開に
# 5時間半で開花から満開へ

　ゴールデンウィーク、関東から西の地方はすっかり深緑の季節に移り変わる頃ですが、北海道ではようやく春がきて桜が咲き誇る季節です。通常、桜が開花してから満開になるまでは約1週間程度ですが、北海道では数日で満開になります。

　2012年5月2日に、北海道の旭川で驚くべき記録が残っています。当日午前10時に気象台は桜の開花を発表したのですが、その日の午後3時30分、なんと満開になってしまったんです。開花から満開まで、わずか5時間半です。この日何があったのかというと、午前10時の時点で気温はすでに20度ほどまで上がっていて、5月下旬並みの暖かさ。それが満開になった午後3時には、夏日一歩手前の24.3度まで上がりました。この季節外れの暖かさがいっきに桜の開花を促したと思われます。一番びっくりしたのは、観測を担当していた気象庁の職員かもしれませんね。

●5月でも 油断大敵 熱中症
# 我慢強い人こそ要注意

　熱中症は夏、と決めつけていたら大間違い！　まだ早い5月でも熱中症の危険はあります。

　世界最高気温はアメリカのデスバレーで記録された56.7度ですが、5月の日本でも世界記録並みの暑さになる場所があるんです。みなさんわかりますか？

　答えは車のなか！　5月は1年で最も快適な時期といわれま

すが、晴れた日の長時間エンジンを切った車のなかは軽く40度を超えてしまいます。ちょっとした買い物でも、子どもを車のなかに残したままで離れるのは危険すぎます。車のなかだけではありません。屋外での作業も熱中症に注意が必要です。熱中症にかかりやすいのは高齢者や子どもですが、健康な成人でも熱中症になりやすいタイプの人がいます。

　そう、それは我慢強い人！　我慢強い人は、熱中症にかかりにくく見られますが、熱中症で体がいうことをきかなくなっても「なんだこのくらい！」とか「気合いだ！」とかいって自分の体の危険な状態に気づかず、突然倒れて、逆に周りに迷惑をかけてしまうことがあります。暑さは気合いや根性で何とかなるものではありません。むしろ暑さを感じる前にこまめに水分や休憩を取ってください。

● 富士山に　期間限定　滝(たき)が出る！
# 5月から6月だけの幻(まぼろし)の滝

　富士山には滝がないといわれていますが、実はあるんですよ。それも期間限定で現れるから「幻の滝」といわれています。

　富士山の5合目から上には、5月から6月の一定期間だけその幻の滝が現れます。それも毎日必ず現れるわけではなく、気温が氷点下に下がってしまうと滝は現れません。もうわかりましたか？　正体は富士山の雪どけ水でできた滝です。

　雪がとける5月から6月、気温が上がると滝が現れます。でも絶対ここに現れる！　なんて保証はありません。私も「とくダネ！」の中継(ちゅうけい)で、この滝を取材に行ったことがありますが、本当に滝があるのか不安でした。まだ真っ暗で雨の降るなか、5合目から登ること1時間半、ようやく見つけた時はスタッフも安堵(あんど)の表情を浮かべていましたが、あられのような氷の塊(かたまり)が顔面に吹きつけてきたり、暴風(ぼうふう)が吹き荒れたりする大荒(おおあ)れの天気。本番では何とかスタジオと中継がつながりましたが、

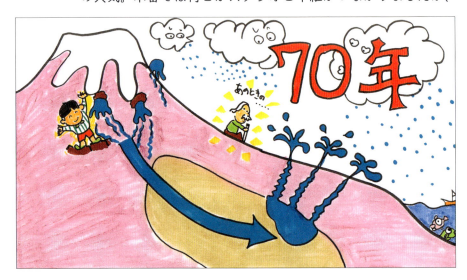

電波状況は最悪！　まともにスタジオの声が聞こえませんでした。もちろん一生懸命やってるんですが、運悪く小倉智昭さんが話しかけたところだけいつもプチッ、プチッと切れてしまったんです。テレビを見ている人は何をいっているのかわかっていますが、私は小倉さんが何をいっているのかわからず、結局、私が小倉さんを無視し続けるという中継になってしまいました。

　でも、最後のひと言だけ聞こえました。それは、「もう帰ってくるな！（笑）」でした。

苦労して取材した富士山の幻の滝。

　ちなみに、この富士山の雪どけ水は再び地中に染み込み、長い年月をかけてふもとに届きます。わき出てくるまでに昔は100年以上といわれていましたが、最近の研究で数十年後にわき出てくることがわかってきました。何十年も前の水だなんて、なんだかロマンを感じますね。

● 春本番　猫の目天気　まだ続く
# 春の空はコロコロと変わりやすい

「女心と秋の空」といいますが、本当に変わりやすいのは春の空のような気がします。調べてみると「男心と春の空」というものもありました。男心のほうが変わりやすいのか…。

まぁ、それはさておき、変わりやすい天気のことを、猫の瞳（ひとみ）が明るさにより形が大きく変わることに例えて「猫の目天気」といいます。今日は晴れ、明日は曇（くも）り、明後日（あさって）は雨。春は天気の変化が早く、まさに猫の目天気。私たち気象予報士もいつも以上に神経を使う季節です。

それでも、「きのう晴れっていってたじゃん！」とか、晴れの予報が急に雨予報に変わったりしてクレームが多いのもこの季節。最新の天気予報をチェックしてくださいね。私も予報に全力を尽（つ）くしていますが、以前15度と予想して8度までしか上がらなかったことがあります。これはひどすぎますが、たまには猫の目天気ってことでご理解いただけると助かります。

●見てみたい　一度でいいから　見てみたい
# 一瞬だけの緑の太陽

　太陽が緑色に輝く瞬間があるんです。それは夕暮れ時の水平線、夕日が沈むその瞬間、いきなり訪れます。「まだか、まだか、まだか、もう沈むぞ！　あーっ…」、この「あーっ…」の時に一瞬、太陽が緑色に輝くんですね。これをグリーンフラッシュといいます。見たことがない人はわからないですよね。実は私も何度かチャレンジしたんですが、生では見たことはありません。

　日本では沖縄の石垣島や小笠原などで、1年に何日か見ることができ、インターネットに映像や写真が投稿されることがあります。気象条件などがそろわないと見ることができない超レア現象です。

　私が石垣島に行った時は、グリーンフラッシュ目当てにたくさんの人が来ていました。沖縄や小笠原以外でも稀に見られるようです。太陽が緑色になるなんて信じられないかもしれませんが、太陽の光を紐解いていくとメカニズムがわかってきます。太陽の光は白っぽいですが、ばらすと赤や黄色、緑、青など7色の光に分かれます。青や緑の光は大気中のちりに散乱されやすく、夕方には人の眼に届きませんが、大気がとても澄んでいたり乾燥したりしている時にはちりが少なく、太陽が沈む瞬間だけ、緑色の光が見えるんです。一度見てみたい神秘的な現象です。

●思い出す　ふるさとの味　わかめちゃん
# 東京湾の無人島で育つ海の幸

　わかめといえば三陸産や鳴門産が有名ですが、東京湾でも養殖しているのをご存じですか？　神奈川県横須賀市の猿島周辺です。

　猿島は東京湾唯一の無人島で、夏は海水浴やバーベキューでにぎわう観光スポットです。猿島わかめのおいしさの秘密は海と地形にあります。猿島周辺の海のなかは急に深くなっているため潮の流れが速く、海中でわかめが横にたなびき太陽の光をたっぷり浴びてよく育つんです。私は横須賀市出身で、猿島の近くに住んでいたため子どもの頃から猿島わかめを食べて育ちました。当時は当たり前のように食べていましたが、有名なわかめだったことは大人になってから知りました。

　子どもの頃はよく猿島を見ながら、岸壁で釣りをしたり遊んだりしていたので、地元ネタを書けるのがうれしいです。横須賀バンザーイ。

● チューリップ　経済変える　すごい花
# 純金より高額だったことも

「咲いた♪　咲いた♪　チューリップの花が〜♪」。子どもの頃よく歌いませんでしたか？

チューリップはだれもが知ってる身近な花ですよね。そんなチューリップは桜と並んで春の代表選手！　花びらを観察してみると朝開いて夕方閉じています。これは温度を感じ取って開閉するらしく、個体差がありますがだいたい15度くらいで開き始め、それより下がると閉じてしまうようです。

チューリップは特別珍しい花ではありませんが、いまから400年ほど前はオランダで大変な人気になり、何と「チューリップバブル」という世界最初のバブル経済を引き起こしていたんです。曲線が美しい色とりどりの花は、絵画やお祭りで大人気になり、当時は「純金」より価値があったようです。球根1つに庶民の1年分の稼ぎ以上の値がつき、珍しい球根は家一軒と交換したそうです。17世紀のオランダはチューリップ熱が蔓延していたんですね。

ちょっと信じられませんが、チューリップを見る目が変わりましたか？　あの独特のフォルムと美しい色とりどりの花は、改めて見てもかわいらしいですよね。

●朝と昼　20度以上の　寒暖差
# 春でも車内の置き去りはキケン

　春の晴れた日は、1日の寒暖差が大きいことが特徴です。海から離れた内陸では、寒暖差が20度以上という日もよくあります。北海道の帯広辺りでは朝0度近くまで下がっても、日中は夏日（25度以上）になることもしばしば。春はまだ、空気自体は冷たいんですが、日差しが急にパワーアップしてきていますので、日中、急激に気温が上がります。これに暖かな南風が流れ込んだり、山を吹き降りる暖かい風（フェーン現象）が加わったりすると季節外れの暑さになるんです。

　車でお出かけの時は朝が寒いので、寒い感覚のまま昼頃サービスエリアに入ることがあると思います。でも、寝ている子どもを車のなかに置き去りにしてしまうと、直射日光の力も加わりあっという間に車内温度は40度以上になってしまうことがあります。子どもだけでなく、高齢の方もお気をつけください。

●連休だ！ 夏日続くも 不安定
# 隣町は豪雨ということも

　毎年、ゴールデンウィーク頃には朝晩の寒さも和らぎ、日中は夏のような暑さに見舞われることもしばしばです。25度を超える夏日になり、Tシャツ1枚でお出かけしたくなる日もありますね。

　こんな時、大人より大変なのが子どもやペット。地面に近いほうが、日差しの照り返しで暑く感じられるからです。大人の顔の高さの気温がだいたい30度だとしたら、子どもの顔の高さでは35度近くになります。大人が暑いと感じたら、ベ

ビーカーの赤ちゃんや子どもたちは相当暑いと感じているはずです。

　また、ゴールデンウィーク中は意外に天気が不安定で、穏やかな天気の裏に発達した雷雲が隠れていることもあります。気温が上がる午後には大気の状態が不安定になってモクモクと雷雲が発達し、雷雨や突風、時には竜巻を引き起こすこともあります。

　天気予報のなかで「大気の状態が不安定」「天気が急変する」、この2つのワードを聞いたら局地的な強い雨や激しい雷雨にご注意ください。自分のいる所は晴れて汗ばむ陽気でも、数キロメートル離れると雷雨になっているなんてこともよくあります。急な雨のサインは黒い雲、ヒヤッとした風、雷の3つです。

## 海のなかから春を探そう

　桜や菜の花が咲き誇り、ウグイスのさえずりが聞こえてくる。日本にはさまざまな春の訪れがありますが、今回は海のなかから春を釣っちゃおうという企画！

　正直、「本当に釣れるの？」ってスタッフみんなが心配しましたが、行ってみたらそんな心配はどこへやら！　仕掛けを投入すれば釣れるわ釣れるわ…。しかも桜ダイに「春告魚」といわれるメバルなど、ちゃんと春が旬の魚が釣れる。こんな順調なロケ、実はめったにない。釣りたてを刺身で食べるのも最高の贅沢ですが、絶品はメバルの煮つけ！　甘辛の煮汁が魚全体にいきわたり、身がプリッとしててこんなの初めて!!　房総の春に、たまげった〜。

釣れました！ 春を告げる魚、メバル。

青空に
入道雲が
潜んでる

● 5月下旬　そろそろ梅雨入り　対策を
# 排水溝の掃除をしよう

　5月下旬、沖縄では梅雨が本格化してくる頃ですが、本州付近は梅雨入り前の貴重な晴れ間が広がります。この時期は晴れて暖かい日が多く、何をするにも快適な陽気です。例年、本州付近の梅雨入りは6月前半。梅雨入り直後はまだ晴れる日も多い年がありますが、例年6月後半からは次第に雨の降る日が増えていきます。

　梅雨の間は、雨が降らなくても湿度が高めでカビが生えやすいですよね。そこで梅雨入り前にやっておきたいこと。

　まず梅雨入り、梅雨明けをわざわざ発表しているのは大雨への警鐘の意味がありますので、排水溝の掃除は梅雨入り前に終わらせておきましょう。道路が冠水するのは排水溝に溜まった落ち葉や生活ごみが原因であることが多いんです。梅雨まで雨があまり降らなかったりすると、気づかないんですよね。しっかり取り除きましょう。

　それから梅雨に入ると晴れの日が続かなくなってきますので、梅雨入り前にカーテンや布団カバーなどの大物を洗濯しておきましょう。さらに一度、部屋に風を通して湿気を取り除き、カビを生えにくくしておくことも大切です。

● 梅雨明け後　油断大敵　戻り梅雨
# 8月なのに寒くてジメジメ…

　約40日間の梅雨が終わり、「待ってましたー！」と真夏がやってきます。梅雨が明けてしばらくは天気が安定して晴天が続くことが多く、海や山へのお出かけ日和になります。ところが、年によっては8月に入ってから、それまで晴れていたのに、突然曇りや雨の日が続いてしまうことがあります。これが、「戻り梅雨」です。

　原因は、夏の高気圧君が梅雨明け直後に頑張りすぎちゃって急に弱まったり、北海道付近にある冷たいオホーツク海高気圧君が居座り続けてしまうこと。北日本や東日本には、オホーツク海高気圧君から「やませ」という天然のクーラーのような冷風が入り込み、真夏なのに全然暑くならずシトシトと弱い雨が続きます。弱い雨ならまだいいですが、年によっては前線が停滞し梅雨末期のような大雨が降ることもあります。梅雨明けしても、週間予報をこまめにチェックしてくださいね。

●雨似合う　アジサイ活き活き　根をはらす
# 土砂崩れ防止に「根」が活躍

　ジメジメムシムシ、梅雨が好きな人はいないかもしれません。そんな季節に私たちを楽しませてくれる花といえばアジサイです。

　アジサイは雨に濡れてもとってもきれいです。むしろ梅雨の晴れ間の強い日差しに当たっていると、かわいそうになって水をかけてあげたくなるくらい。桜や梅じゃ、そうはいきません。

　アジサイというと花（正式にはがくですが）ばかりに目がいってしまいますが、実は土に隠れた根っこがまた魅力的なんです。アジサイの根は土のなかでは大きく横に広がり、細かい根も枝分かれして四方八方に伸びています。このため雨が降ると土のなかでしっかりと根が水分を吸収し、土が流れてしまうことを防いでくれているんです。アジサイってお寺の斜面などに生えているのをよく見かけますね。あれは大雨

から土砂崩れを防いでくれる働きもあるんです。東京を走る京王井の頭線の沿線では梅雨になると線路わきのアジサイがきれいに咲き誇りますが、土砂崩れ防止の意味もあるんですよね。アジサイは梅雨時に見て楽しめるだけでなく、私たちを大雨による災害から守ってくれています。

うっとうしい梅雨を彩る京王井の頭線沿いのアジサイ。　写真提供：京王電鉄

## 【季節の声を探してみよう】

　アジサイを見ると「梅雨だなぁ」というように、自然が季節を教えてくれることってありますよね。実は、気象庁も「生物季節観測」といって植物や昆虫などの観測をしているんですよ。有名な桜の開花だけでなく、「ほたるの初見日」も観測しています。「ほたる前線」は3月下旬の沖縄から始まり、5月下旬には九州や四国、6月に近畿から関東、7月は東北というように北上していきます。ほかにも、「つばめ」や「あぶらぜみ」も。この観測は、気象台の職員の方が自分の目と耳で確認しているのです。何気なく過ごしていると見逃したり聞き逃したりしてしまいそうですね。みなさんも自分の目と耳で「季節の声」を探してみてはいかがでしょう。

● 遊ぶなら 梅雨明け十日が おすすめよ
# 日陰と日なたの温度差は5度以上

　7月中旬から下旬、いよいよ梅雨明けです。「よっ！ 待ってました」とばかりに夏がやってきます。

　梅雨明け直後は比較的晴天が続くことから、「梅雨明け十日」といわれています。猛暑＋晴天が続く時には、特徴的な天気図が現れることがあります。日本列島が高気圧に覆われて西日本から朝鮮半島付近にかけ、等圧線がボコッと北へ盛り上がっていることがあります。これを昔から「クジラの尾型」といい、夏空が長続きする天気図です。海や山へ遊びに行ったりするにはいいかもしれませんね。

　ただ、1つ気をつけたいことがあります。梅雨明け直後は晴れて行楽日和になる一方、1年で最も熱中症患者が増える時です。理由は2つあります。

① 梅雨明けすると、急激に気温が上がることで体が暑さについていけず熱中症になってしまう。

34

②暑さが続くことから、暑い→寝不足→食欲不振→熱中症の
サイクルにはまってしまい、熱中症患者が増えてしまう。

　天気予報で35度や36度とかいわれると、「うわっ！」と思う
かもしれませんが、何と天気予報に出てくる気温は日陰の気
温なんです。学校には気温を測るための百葉箱がありますが、
実際の気象観測も通風筒という直射日光をさえぎる容器のな
かで測っています。路面温度を測ったことがありますが、日
陰で30度だと日なたは50度くらいありました。私たちが感じ
る体感温度も日陰に比べると日なたは5度以上高いといわれ
ています。つまり天気予報の最高気温が35度だったら日なた
は40度以上になるわけです。なるべく日陰を歩いたり、こま
めに水分と少し塩分もとることが大切です。

　いまは、昔の暑さとは違います。部屋のなかでも暑い時に
は我慢せず、冷房をつけて熱中症にならないように気をつけ
ましょう。

## 【梅雨の原因はこれだ！】

　ジメジメしてうっとうしい日本の梅雨。嫌いな人も多いと思います。そん
な人は何を恨めばいいのでしょうか。それはズバリ、エベレストです。
　世界で一番高い山々がそびえるヒマラヤ山脈。「世界の屋根」ともいわれ
ますが、実はこの存在が日本の梅雨と深く関係しているのです。北半球の
西から東へ吹き抜ける上空のジェット気流は梅雨の時期、エベレストに行
く手を阻まれた結果、南下して日本付近に梅雨前線を停滞させてしまうの
です。ジェット気流が消滅すればいよいよ梅雨明けです。梅雨を恨むより、
アジサイの葉の上を這うカタツムリを見てのんびりと夏の訪れを待つのがよ
さそうですね。

● 気象庁 金髪女性が お好きなの？
# 毛髪と湿度の意外な関係

　気象庁は昔、金髪の女性が大好きでした。
　こういう言い方をすると誤解を招きそうですが、その昔、湿度の観測は髪の毛を使って行っていました。確かに、髪の

毛は湿度で伸び縮みをしますよね。
　気象庁はさらに髪質にもこだわっていました。観測に使っていたのは身近な日本人の髪の毛ではなく、なんとフランス人女性の髪の毛。これが最も湿度の観測に適していたんだそうです。湿度を測る装置の名も「毛髪湿度計」。1992年頃まで使われていましたが、いまでは電気式の湿度計に変わっています。
　髪の毛って、梅雨時になると広がったりクルクルカールしたりしてセットが大変ですが、けっこう最近まで正式な観測にそれをうまく利用していたなんて面白いですね。

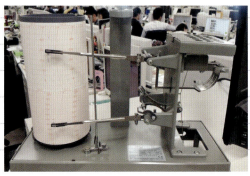

毛髪湿度計です。湿度が高いと毛髪が伸び、低いと縮むことを応用。

● 夕立か　いやいや豪雨　もう冠水
# ゲリラ豪雨は冠水に注意

　夏の夕方、ザーッと夕立があると涼しくなることから、夕立は天然のクーラーなんていわれて昔はありがたい存在でした。

　ところが最近は、ザーッと降ったと思ったら、それが思いのほか多量で、あっという間に道路が冠水しているなんていうことがしばしば。急に降る雨は「夕立」から、いつしか「ゲリラ豪雨」なんて呼ばれるようになってきましたね。都市部の排水機能は1時間に50ミリメートルくらいで、それ以上降るとあふれて冠水し始めるところがあります。

　そんな時、膝くらいの深さしかないからとりあえず歩いて目的地まで行こうなんて考えるのは危険です。もしかしたらマンホールのふたが外れているかもしれません。どうしても歩かなければならない時は杖を突きながらゆっくり慎重に歩いてください。また、長靴は水が入って重くなり歩きにくくなってしまうので注意が必要です。

37

● おっぱいが 見えたら最後 避難(ひなん)して！
# 竜巻(たつまき)や雷雨(らいう)を予兆(よちょう)する雲

　空にはいろいろな種類の雲が見えますが、よく見られる雲とめったにお目にかかれない雲があります。めったに見られない雲の1つがおっぱい雲です。

　ふざけているわけではありません。本当にあるんです！

　子どもたちにおっぱい雲のことを話すと、最初はニヤニヤされますが、話を進めていくうちに真剣(しんけん)な表情に変わっていきます。

　実はこのおっぱい雲、雷雨やひょう、竜巻を引き起こす、笑ってなんかいられないこわ～い雲なんです。

　おっぱい雲の正式名称は、「乳房雲(にゅうぼううん)」です。雲の下がおっぱいのように丸くなっています。アメリカではトルネードハンターという竜巻の映像を撮影(さつえい)する人たちがいますが、この人たちも乳房雲を目印にしていることがよくあります。

　写真はアメリカではなく東京(とうきょう)都内で撮(と)られたものです。日

本でも大気の状態が不安定な時にたまに見かけます。

　乳房雲は積乱雲の雲の底に現れ、乳房の部分で激しい対流が起こっています。通常、雲のなかで成長した氷のつぶはある程度の重さになると落ちていき、途中でとけて雨になりますが、乳房雲のなかでは上下に風が激しく動いていて、氷同士がぶつかり合いくっつきながら大きく成長します。そして「もう耐えられない」ってところまで重くなると落ちてくるんですが、つぶが大きいためとけきらずにそのまま落ちてくることがあります。これがひょうやあられです。

　さらに、竜巻や激しい雷雨が発生することがあります。こんな雲を外出中にもし見つけてしまったら危険が迫っていると思ってください。遠くが晴れていても激しい雷雨や竜巻、ひょうなどが降ってくるおそれがあります。速やかに安全な建物に避難しましょう。

乳房雲です。こんな雲が現れたら避難して！　　　　撮影：日本気象協会 岩田総司

● スーパーセル　ひょうに竜巻　すぐ逃げろ！
# 大きさも寿命も桁違いのスケール

「スーパーセル」、聞いたことがない人も多いと思います。ひと言でいうと、スーパーセルは巨大な積乱雲のことです。夏にモクモクと大きく成長した入道雲を見たことがある人も多いと思いますが、あの大きな入道雲が積乱雲です。

積乱雲は雷雨やゲリラ豪雨など激しい気象現象を引き起こします。平均的な積乱雲の大きさは直径5キロメートルほどですが、スーパーセルは直径10キロメートル以上になります。激しい雷雨のほか、竜巻などの突風やひょうを伴うことがあり、主にアメリカなどの大平原に多く発生します。でも、実は日本でも竜巻やひょうが観測されるような時はスーパーセルが発生していることがあります。

スーパーセルがほかの積乱雲と違うのは、大きさだけではありません。なかなか衰えず寿命も長いんです。通常、積乱雲は上昇気流によって雲が成長し、下降気流に変わると次第

に消滅します。その寿命は30分から1時間ほどです。ところがスーパーセルは雲が成長するための上昇気流（イラストの赤い矢印）と下降気流（イラストの青い風）とが別々の場所にあるのでなかなか衰えません。勢力が強いうえに寿命が長いので、災害につながるケースが多くなります。春から秋に多く発生して、日本でも竜巻や激しい雷雨、ひょうなどを伴います。次のような前兆に気がついたら注意してください。

①大きな入道雲がだんだん近づいてくる

②雷が激しく鳴る、光る

③昼間なのに空が真っ暗になる

そして、湿った冷たい風がピュ〜ッと吹いてきたら、間もなくして雨が降り出します。雨が降る前に冷たい風を感じたことがある人も多いと思いますが、まさにその風です。これは、雨が降る前には、上空の雲のなかからまず空気だけが降りてくるからです。大きな入道雲が見えたら傘をさすのではなく、安全な場所に避難しましょう。

ゲリラ豪雨と晴天の境目をキャッチ。

● 注意報　ハブにカメムシ　毒キノコ
# 天気だけじゃない！ご当地注意報

　注意報といえば大雨、強風、大雪など気象に関するものを連想するかもしれませんが、注意報は天気に関するものばかりではありません。日本には珍しいご当地注意報があります。

　たとえば、沖縄県には5月から6月にかけて「ハブ咬症注意報」が発表されます。沖縄県には、ハブがよく出るところに「ハブ出没注意！」といった看板があります。ハブは気温27度前後の蒸し暑い気象条件で活発に動きますが、30度を超えるような暑い時間帯や、逆に10度前後に下がるとあまり活動しなくなります。5月から6月の沖縄はだんだん蒸し暑くなってくる時期で、ハブにとってはお出かけ日和なんですね。涼しい岩陰や石垣の隙間などはハブが好む場所ですから、近くを通る際は気をつけてください。

　ほかに、「カメムシ注意報」なんてのもあります。これは異臭を放つカメムシに注意する呼びかけではなく、カメムシがイ

ネ科の種子を好んで食べるため田んぼに大量発生するのを農家に向けて呼びかける注意情報です。宮城県など米どころでは、初夏に発表されます。

　また、夏から秋にかけては「毒キノコ注意報」が発表されることがあります。こちらはキノコが原因とみられる食中毒を防ぐ意味で、自治体の衛生課などが発表します。とにかく、「採らない、食べない、売らない、人にあげない」の4原則を守ること。毒キノコ注意報なんてなかなかシュールな語感ですが、新潟県などでは比較的ポピュラーな注意報のようです。

　ちなみに2007年4月に、日本気象協会北海道支社が、ある注意報を発表しました。

① 高温注意報

② 心臓発作注意報

③ 夫婦喧嘩注意報

　さて、どれだと思いますか？

　一応、気象に関する問題ですよ。②の心臓発作注意報と思う人が多いかもしれませんが、正解は③の夫婦喧嘩注意報です。もちろん、気象庁が発表する正式な注意報ではありませんが、この日は午前から午後にかけて短時間に気温が急上昇し、体調不良や落ち着かないなどの「気象病」が起こる可能性があるとして「車の運転や夫婦喧嘩に注意を」と呼びかける気象情報を発表しました。「夫婦喧嘩注意報」なんて、余計なお世話かもしれませんが、寒暖差が大きい時期はお気をつけください。

●初夏の夜　静かに光る　ホタルかな
# 1年で一生を終えるホタル

「ほ、ほたるぅ〜」。私のまわりには「ホタル」と聞いて、昆虫ではなく、ドラマ「北の国から」の黒板五郎さんを連想する人が多いようです。ちなみに私は「ホタル」と「ホテル」をよく間違えます…。

さて、ホタルって実は世界中に生息していて、何と2000種類もいるって知っていましたか？　そのうち日本に生息しているのが50種類ほどで、発光するのが14種類程度です。ホタルってみんな光るのかと思ったらそうじゃないんですよね。

本州で身近な光るホタルといえばゲンジボタルとヘイケボタルですが、どんな一生を送っているのか知っていますか？

ゲンジボタルは6月から7月にかけて川岸の苔などに卵を産みつけます。約1か月後、卵からかえった幼虫は水のなかで暮らし始めます。カワニナという貝を食べて成長するんですが、約260日間の長い水中生活で6回ほど脱皮をします。その後、気温と土の温度が同じくらいになる頃の雨の夜、陸に上がって土のなかでさなぎになるんです。それから約1か月で羽化し、成虫となって土から出てきますが、光る期間はわずか1週間ほどしかなく、約1年でホタルは一生を終えます。日本の里山の風景に欠かせないホタルの光。いつまでもホタルに出会える、素晴らしい環境を残していきたいですね。

## 質問箱

### 仕事は楽しいですか？

　気象予報士人口は2018年3月現在、下は10代、上は70代の方まで、1万人を超えました。

　お天気キャスターは正確な情報を視聴者にわかりやすく伝えることが仕事です。そのためには本番直前まで最新情報を確認して、情報が変わったら新しい情報に差し替えなければいけません。情報を伝えるためにみずから取材に行くこともあります。季節の花の取材から、冬は大雪、夏は猛暑、台風にゲリラ豪雨など。「楽しい」とはまた違った「やりがい」を感じています。

　お天気キャスターで一番大事なこととはズバリ！「健康」です。元気じゃなければ天気予報もできない！

　昔、先輩から「代わりはいくらでもいる！」っていわれました。確かに、休んではいられませんね。健康に気をつけて、私は走り続けます。

● 晴れた空　突然雨降る　これなんで？
# お天気雨の原因は雲か風

　お天気雨に当たってしまったことってありませんか？「なんで晴れてるのに雨が降るのよ！　もう、アマタツ！（怒）」。急な雨で洗濯物を濡らしてしまった経験がある人もいると思います。晴れているのに雨が降っているからキツネに化かされているんじゃないかってことから、「キツネの嫁入り」ともいわれますね。でも、化かされてなんかいません。空が晴れてても本当に雨が降っているんですから…。

　お天気雨の原因は2つあります。1つ目は、雲から雨つぶが落ちてきたんだけれど、地上に到達するまでに雲が消えてしまったケース。雨は雲の高さにもよりますが、地上に落ちてくるまでに約7分ほどかかります。一方、雲の寿命はせいぜい30分から1時間ほどです。雨つぶが落ちてくる間に、途中で雲が消えてしまうんです。2つ目は風のしわざです。雨つぶが落ちてくる間に雲が風に流されてしまい、真上の空は晴

れているのに雨が降っているんです。

　ちなみに雨つぶはまん丸でもなければ、上部がとがった水滴マークの形でもありません。実は下部が平らなあんパン型をしています。落ちる前は球体ですが、落ちてくる途中で下から空気の抵抗を受けて平らになるんです。雨つぶ＝あんパン型です。

【「ところにより」の「ところ」ってどこ？】

　天気予報で「ところにより一時雨が降るでしょう」といっているのをよく耳にしますよね。「ところにより」って、いったいどこなの？
　ズバリ！　予報する地域の半分より少ない地域で散らばって雨が降るケースを指します。「で、どこで降るの？」と突っ込まれそうですが、場所が特定できないほど狭い範囲で散らばって雨が降る時に使います。こんな予報を聞いたら、入道雲がモクモクそびえていないか空模様を見て、あやしいようならお出かけ前には洗濯物を取り込みましょう。

●雨の後　空を彩る　レインボー
# いつがチャンス？　虹が出る条件

　雨が降った後、青空が広がるタイミングで虹ができているのを、みなさんも見たことがあるはず。きれいですよね。

　虹が出る条件と見つけ方を知っていますか？　条件は、一時的にザーッと強い雨が降ること。見つけ方は、雨が上がったら、太陽に背を向けることです。虹は雨つぶに太陽の光が反射してできるので、太陽とは反対側に出現するんですね。大きな雨つぶほどくっきりした虹に見えるので、夕立のように強い雨が降った後に晴れてくるとチャンスです。

　虹というと、「半円」を想像しますね。でも、上空から見てみると、なんと完全な円に見えることもあるんです。私たちが見ている虹の下半分は地平線で隠れてしまっているわけです。普段、私たちは地上からしか見ることができませんが、飛行機のパイロットなどは完全に円になった虹を見ることができるのかもしれませんね。

● ひまわりは　太陽を向く　これ本当？
# 成長に欠かせない太陽の光

「ひまわりは太陽を向いて咲く！」。昔からよくいわれていますが、本当に太陽のほうを向いているのでしょうか？　当たり前のようで、実際には見たことのない人も多いんじゃないでしょうか？

そこで「とくダネ！」では本当にひまわりの花が太陽を向いているのか観察してみました。

まず、ひまわり畑に行ってみると花によって全然違う方向を向いていたんですよ。「な〜んだ、関係ないじゃん！」って思ったんですが、観察を続けていくと太陽の方角を常に向いているひまわりがあったんです。それが開花前の子どものひまわり。定点カメラで観察してみると、日中、太陽を追いかけるように南へ向き、夕方には西を向きます。驚いたのは夜間、東の方角へ戻ること。翌朝、太陽が昇ってくる方向へ夜のうちに花の向きを変えていたんです。やっぱりひまわりが成長するためには太陽が必要不可欠なのかもしれませんね。

ところで、気象衛星の名前も「ひまわり」ですよね。花のひまわりが太陽の方角を見ているのと同じように、気象衛星も宇宙から私たち地球をいつも見つめていることから、ひまわりという名前になったといわれています。

● 黄金に 光り輝く 池がある
# 太陽の光を反射して輝くヒカリモ

　家に帰ってきた子どもに、「お母さーん！　池が黄色く光ってたよー」っていわれたらどう思います？　「うちの子、おかしくなっちゃったのかしら？」と心配する？

　でも、あるんですよ、本当に！　黄金色に輝く池が…。普段は見向きもしない水たまりのような池が、突然黄金色に変わっているんだから驚いてしまいます。いったい何のしわざなのでしょうか？

　実は、ヒカリモという藻の一種が関係しています。

　ヒカリモは普段、水の底にいて色も黄金色ではありません。しかし、春から秋にかけて水面に浮かんできたヒカリモは、互いにくっついて水面に膜を張ったようになります。その時、太陽の光を反射するので黄金色に見えるというわけです。東京都内では調布市にある実篤公園が有名ですが、もしかしたら隠れたスポットがほかにもあるかもしれません。

　黄金色に輝く池が見られるのは、天気も関係しています。実篤公園でこの現象が見られるのは、夏でも暑すぎず雨が降っていないことが条件で、午前中の早い時間帯がおすすめです。

みなさんも1度、足を運んでみてはいかがでしょうか？

● 青空に 入道雲が 潜んでる
# ゲリラ豪雨の雲は数分でできる

天気がいいから外で遊んでいたのに、急に空が暗くなってきてドバーッと雨が降る。「もう、なんなの!?」ってなりますよね。「ゲリラ豪雨」は予測不可能な雨のように思われていますが、

諦めることなかれ。実は、ゲリラ豪雨って予測できるんです。

なぜなら、犯人がいつもほぼ一緒だからです。ゲリラ豪雨の犯人は夏によく見る「入道雲」です。入道雲のなかには25メートルプールの約150杯分もの水分が含まれているというのだから驚きです。じゃあ、いつもの雨雲とゲリラ豪雨の時の入道雲とは何が違うのか？

実は、雲が発生する時間です。通常、雲ができるには30分以上かかりますが、ゲリラ豪雨と呼ばれる時の入道雲はもっと早くでき、そのうえ高度1万メートルくらいに成長することがあります。だからみんな「突然きたー」とか「さっきまで晴れてたのに！」っていうんですが、空をずっと見ていれば予測できるんですよね。

さらに最近は、地球温暖化などの影響で雲が発達しやすく、1回に降る雨の量が増える傾向にあります。大きな入道雲は積乱雲といいますが、激しい雨だけでなく、雷や突風、ひょう、時には竜巻をもたらすことがありますので、入道雲が近づいてくる時は建物のなかに避難しましょう。

51

## 質問箱

## 好きな雲は何ですか？

「好きな雲は何ですか？」という質問をいただきました。

空に浮かぶ雲にはいろいろな形がありますが、大きく10種類に分けられます。雲の種類は上空の高いところから低いところまで、発生する高度や形で決まっています。

私が好きな雲は「巻雲」です。巻雲は一番高いところにできる雲です。だいたい高度7000〜12000メートル付近です。見た目は白いペンキをさっと刷毛ではいたような雲、または繊維状の細い雲が集まったように見えます。

なぜ私が数ある雲のなかで巻雲が好きなのかというと、答えはズバリ！　天気が崩れないからです。べつに予報するのをサボりたいからではありませんよ。巻

雲を見ると安心するんです。雲は、雨雲になるほど雲の底が低くなり色も濃い灰色に変わりますから、巻雲が出ている間は天気の大きな変化がなく安心できます。

昔は予報官がおへそを出して寝ていても大丈夫なくらい安定した天気を、「へそ天」と呼んだりしていました。でも名誉のためにいいますが、実際に当番に入った予報官がおへそを出して寝ていることはありません。予報が安定している時には、「ネタ」といわれる天気の話題を調べるなどさまざまな仕事があります。みなさんもたまには空を見上げてみてください。そして面白い雲や見たこともない雲を見つけたら素早く写真を撮って「とくダネ！」あてに送っていただけると助かります（笑）。

安定したお天気を示す巻雲（上）と
上空の大気が波うっていることを示す波状雲（右）。

● サンカヨウ　五月雨シトシト　姿消す
# なぜ花びらが透明になるのかな？

　自然界には不思議な花があるものです。サンカヨウという植物、普段は小さな白い清楚な花を咲かせるのですが、雨に濡れると途端にスケスケになっちゃうんです。スケスケというとなんだかいやらしいですが、花自体にいやらしさはまったく感じません。むしろメルヘンチックで自然のなかで見つけたらきっと忘れない、まるでガラス細工のような素敵な花です。梅雨時のジメジメした山道で、透き通るサンカヨウを見つけたら気分もいっきに晴れそうですね。

　そして、また日差しが出てきて花が乾くと白く戻っていく。なんだか魔法にかけられちゃったみたい。一つひとつの花はとっても小さくて指にのるくらい。1週間くらいしか咲いてくれないサンカヨウ。ぜひ見てみたくなりますね。

　でも、そもそもサンカヨウがなぜわざわざ透明になる必要があったのか？　きっと何か意味があるはずなのですが、

専門家の方にうかがっても詳しいことはわかりませんでした。サンカヨウは、調べると知りたいことがたくさん出てきてしまう、とってもミステリアスな花です。

写真提供:ピクスタ　　可憐なサンカヨウの花。

## 群馬県昭和村の あま〜いホワイトアスパラ

　日本でホワイトアスパラといえば北海道が有名ですが、群馬県の昭和村でも甘くてとってもおいしいホワイトアスパラをつくっています。
「とくダネ!」のロケでお邪魔したんですが、とにかく柔らかくて甘味や香りがこれまで食べたアスパラとは全然違う!　シンプルにゆでたり炒めたりするのがおすすめです。昭和村は寒暖差が大きくホワイトアスパラづくりに適していますが、つくっているご主人もまわりの人たちもとっても素晴らしい! 思いがこもった絶品ホワイトアスパラに、たまげった〜。

ホワイトアスパラは真っ暗なハウスのなかで育ちます。

● 台風も　ところ変われば　名も変わる
# 台風の名前にコンパスやテンビン

　2016年は7月上旬まで台風が1個も発生しないという異常な年でした。前年は1月から毎月台風が発生していたのですから、本当に極端ですね。なぜ7月まで台風が発生しなかったのかというと、ハワイから東の太平洋東部でいつもよりたくさんハリケーンや熱帯暴風雨が発生したため、バランスをとるように日本の南では台風が発生しにくくなっていたんです。これは、台風が発生している場所では強い上昇気流が起こりますが、その隣では下降気流が発生して高気圧が形成されるため、雲が発達しにくいということに関係しています。

　ところが、8月からはこの状態が解消されて、今度は日本の南で次々に台風が発生。結局7月までまったく台風が発生しなかったのに、終わってみればほぼ平年並みの26個でした。この年は8月以降、台風が量産体制に入り、異例のコースをたどりました。通常なら、関東から西の地方に近づく台風が、

北海道を襲ったんです。しかも、3個も北海道に上陸。北海道では台風の大雨により農作物に大きな影響が出ました。ようやく10月、台風シーズンが終わったかと思ったら、今度は例年より早く雪が降ってしまい、農家の方にとっては踏んだり蹴ったり、本当に大変な1年だったと思います。

　ところで、台風、ハリケーン、サイクロンは何が違うのか知っていますか？　どれも熱帯低気圧ですが、呼び方の違いは発生する場所の違いからきています。日本の南で発生するのは台風ですが、東経180度から東で発生するのはハリケーン、インド洋とオーストラリアなど南半球で発生するのはサイクロンといいます。ちなみに、たまにハリケーンエリアから台風エリアに侵入してくることがありますが、この場合は東経180度を境にハリケーンから台風に名義変更されます。車みたいですね。

　また、台風にはそれぞれ名前がついていますが、これは各国で出し合った台風の名前を発生順につけてるんです。たとえばタイのラマスーン⇒雷神、アメリカのアイレー⇒嵐などは台風っぽい名前ですが、日本が台風委員会（日本ほか14か国が加盟）に提出している名前はコンパス、テンビン、ヤギなど星座の名前ですし、マカオのバビンカの意味はプリンだし、韓国のノグリーはタヌキを意味しています。日本では名前がついているにもかかわらず1号、2号と番号で呼びますが、国によっては名前で呼んでいます。台風タヌキとかプリンとかいわれて警戒心が薄まらないか若干心配です。

● 温暖化　このまま進むと　夏ヤバい
# 将来は最高気温が45度に？

　視聴者の方から、「温暖化は進んでいるの？」ってよく聞かれますが、過去のデータを見る限り残念ながら地球の温度は上がっています。世界平均すると約130年で0.85度くらい。「なーんだ！大したことないじゃん！」って思うかもしれませんが、この0.85度という気温上昇は地球の歴史を考えると1000年単位で上がったり下がったりしていた温度なんですよね。それがいまは130年で上がっちゃってる。温度が上がるスピードが10倍以上速くなってるんです。さらに、東京や大阪などは都市化の影響もあり100年間で3度も上がっています。

　地球温暖化の原因の1つは、私たちが出している$CO_2$（二酸化炭素）などの温室効果ガスです。このまま増え続けると、最悪で海面の高さは21世紀末には80センチメートル以上高くなる可能性があります。日本はお金をかけて防波堤をつくればいいかもしれませんが、あまり二酸化炭素を出していない

ツバルなどの南の島々は確実に人が住めなくなります。

　異常気象も増え、台風も巨大化する可能性が高くなっています。あるシミュレーションによると、もしこのままのペースで温暖化が進んだら、2100年頃には日本の夏の最高気温は各地で40度を超え、東京や大阪、福岡など大都市は45度近くまで上がってしまう可能性があるといいます。海風の入る沖縄や小笠原で38度くらい。夏の甲子園はドーム球場に変わるか、ナイターの開催に。さらに40度を超える暑さのなかでは熱中症になってしまうので、人々は夜行性になるかもしれません。小学生は夜の9時に登校して朝5時頃帰ってくる。サラリーマンも夜間に働くことになるかもしれません。最悪のケースを避けるには、私たち一人ひとりが省エネを心がける必要があります。

　国も温室効果ガス削減目標を立てて対策に乗り出しています。今世紀末、夏に暑すぎて、昼間外に出かけられなくなって夜行性にならないようにエコな生活を心がけていきましょう。

　たとえば、二酸化炭素を吸収してくれる緑（森林）を増やしていくことは大切です。日常生活でも、冷蔵庫を開けっ放しにしない、電気やテレビをこまめに消す、歯磨きの時に水を出しっ放しにしないなど、ちょっとしたことで二酸化炭素を減らすことができます。

　ちなみに私は、エコ・クッキングインストラクターの資格を取ってエコな料理を心がけています。地産地消や同時調理、余熱調理なども続けていきたいと思います。

## 3時間だけ出現！ 幻の砂浜で潮干狩り

　瀬戸内海には、4月から8月の大潮の日に地図にはない「幻の島」が出現します。この時期は干満の差が大きいため、潮が引くと沖合に浅瀬が現れて、数時間限定の潮干狩りスポットができます。

　ここは普通の砂浜ではなく、沖合にある干潟のためとれる貝もレアものばかり。特に30センチメートルを超えるタイラギという貝は「貝柱の王様」といわれ、高級すしネタの1つ。それだけじゃなく、表面をあぶると歯ごたえと甘味がギュッと増して、お酒のつまみに早変わり！　さらにバター焼きもとってもおいしい！

　そんな貝が潮干狩りでバンバンとれちゃうんだからたまらない…。船で行く高級潮干狩りに、たまげった～。

生でも火を通してもおいしいタイラギ。

木枯らしや
初もの続々
運ぶ風

秋

●台風は 嵐だけじゃない 暑さ呼ぶ
# 残暑と台風の深い関係

　台風が近づいてくると風が強まり、大雨になります。台風の場合、広い範囲で災害のおそれがあるためテレビでも警戒を呼びかけます。でも台風って嵐を呼ぶだけじゃないんですよ。すっかり忘れていた夏の暑さを呼び戻すことがあるんです。それも台風が通過した後じゃなく、台風が接近するずっと前、台風が沖縄のはるか南にある時に日本列島は猛暑になることがあります。

　台風周辺には強い上昇気流があり、熱帯の熱い空気を空高く持ち上げています。吹き上がった熱帯の空気は隣に降りてきますので、台風は夏の暑さをもたらす太平洋高気圧を強める働きがあるんです。

　日本付近にやっと秋のさわやかな風が吹き始めた頃、夏の暑さが戻ることがありますが、これは台風のしわざだったんですね。

● ハックション　辛い症状　秋までも
# スギは地球環境を守る

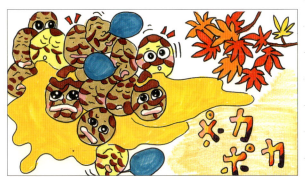

花粉症といえば春ですが、秋にも花粉症があるのをご存じですか？　秋花粉症をもたらすのは、ブタクサ、ヨモギ、ススキ、カナムグラなどが代表的です。秋花粉症の原因となるこれらの花粉は、スギ花粉と違って草花なので、数十メートルほどしか飛びません。ですから、とにかく「近づかないこと！」が大切です。花粉に敏感な人は、草が茂った河川敷でのジョギングやウォーキングなどは避けてみるのも対策の1つです。

　また、スギ花粉は春ですが、年によっては秋にも少量飛散することがあります。それは、①夏が猛暑だった、②秋になって暖かい日が続く。この2つがそろうと11月から12月頃、花粉を飛ばすそそっかしいスギの木が現れます。

　これではいいことなしの烙印を押されてしまいそうなスギですが、実は地球を守ってくれる存在でもあるんですよ。スギの木は地球温暖化の原因の1つである$CO_2$（二酸化炭素）をほかの植物よりたくさん吸収してくれます。私たち人間が出してしまった$CO_2$を吸収してくれるのですから、大変ありがたい存在です。花粉症の方にとっては、数年前から話題にのぼっている無花粉スギが増えるといいですね。

●ゴロッピカッ　雷近づく　決めポーズ
# 雷から身を守る方法はこれ！

　雷が鳴ったり光ったりしたら家や車のなかに避難するのが一番ですが、もしまわりに何もない畑の真ん中にぽつんと一人でいたらどうしますか？　とりあえず逃げるという人もいるかもしれませんが、そこから建物や車までは1時間以上かかってしまうとしましょう。下の3つから選んでください。
① 少しでも雷に当たる確率を少なくするため走り回る
② 耳を押さえてしゃがむ
③ 寝転がる
　さあ、どれが一番安全だと思いますか？
　正解は、②の耳を押さえてしゃがむ、です。①の走り回るは近くに逃げ込む場所があればいいですが、ない場合、雷は高いところに落ちるので自分が避雷針になってしまいます。それなら③の寝転がるがいいのかというと、実は雷事故で一番多いのは直撃ではなく間接的に被害に遭うケースです。寝ていると直撃の可能性は少なくても、近くに雷が落ちた時に

雷から身を守るポーズ！

地面を通って自分のところに電流が流れて感電してしまう可能性があります。②の低い姿勢でしゃがむ場合も注意点があります。足を広げないで必ずかかとをくっつけてしゃがみます。足を広げていると近くに雷が落ちた時、電流は地面を伝って自分の片足から心臓を通って反対側の足に逃げていくので危険です。足を閉じてかかとをつけていれば最悪足首から下の被害ですみます。もう1つのポイントは、耳を押さえること。なぜかって？　うるさいからです。半端なうるささではありません。雷の音で鼓膜が破れてしまうことがあるほどです。なるべく窪地で低い体勢を取り、雷が遠ざかるのを待ちましょう。

　子どもたちにこの姿勢を教えると、雷が鳴った時、家の庭でしゃがんでいる子がいるそうです。この場合はすぐに家のなかに入ったほうが安全です。

● 富士山に UFO現る？ **不思議雲**
# 山を越えた強風がつくるつるし雲

　富士山の風下側に、雲が何層にも重なったように見える面白い雲が現れることがあります。まるで上からつるされたように見えることから「つるし雲」といわれます。つるし雲は「レンズ雲」という種類の雲の1つで、上空に雨の元になる湿った

空気が入り始めていて、風が強い時に現れます。つまり、天気が下り坂の印です。富士山以外でも高い山の風下側に見られることがあります。雲の形によってはUFOそっくりのため、つるし雲が現れると登山者も思わず足を止めて見入ってしまうほどです。

　このつるし雲ができるのは、強い風が山を越える時です。山を越えた強風は勢い余って風下側でバウンドし、山なりの風の流れができます。ここに上昇気流ができるため、雲が発生しやすいのです。富士山の場合、山を越えてきた風だけでなく、富士山のまわりをぐるっと回ってきた風の渦も加わるため、富士山の風下側は条件がそろえば大きなつるし雲ができやすいといわれています。

　風が強い日や天気が崩れる前に富士山などの高い山を見てみてください。もしかしたらUFOのような不思議なつるし雲に出会えるかもしれませんよ。

● 空を見て！ 虹色現象 あそこにも
# 秋の空は変幻自在

　春から秋にかけて、晴れた日の日中には不思議な虹色の現象が現れることがあります。太陽のまわりに輪っかができる「ハロ」や、その下に現れるまっすぐな虹のような現象、見つけた時は「うわっ、虹だ！」と思うかもしれませんが、これは「環水平アーク」。とても珍しい現象ですが、毎日空を見上げているとたまに出会うことがあります。ハロや環水平アークは氷の結晶でできた薄い雲が太陽にかかった時に見られます。上空の薄い雲は天気が下り坂の時に現れることがあるので、これから天気が崩れるサインでもあります。ほかにも、雲が赤や黄、緑に彩られる「彩雲」や、太陽の横にもう1つの太陽があるように見える「幻日」など、毎日空を眺めていると美しい現象に出会えることがあります。見えた時にはとてもいいことがありそうな楽しい気分になりますよ。みなさんもたまには空を見上げてみてくださいね。

●「真田丸」 隠れていたかも 逆さ霧
# 山から雲が流れる珍現象

　私はいつも、日本のお天気の予報をしています。でも、天気の仕組みは地球規模ですから、似たような地形の所に同じ気象条件がそろえば、世界中で、同じ現象が見られることがあります。

　「逆さ霧」という現象も、日本だけでなく中国の江西省やイスラエルのラモンクレーターという所でも観測されています。

　逆さ霧は「滝雲」とも呼ばれ、ナイアガラの滝より、さらに巨大に見えることがあります。実際は、滝が流れるように大きな雲が動く現象。必要な条件は高い山、そして冷たい空気と暖かい空気。雲が山にせき止められて溜まり、収まりきらなくなって、雲があふれ流れ出てくるように見えるのです。日本では、長野県上田市の太郎山周辺で主に春や秋に見られることがあります。戦国時代の武将たちが、「この雲を使って隠れた」という言い伝えがあったりするので、上田市にゆかりあるあの真田幸村も隠れていたかもしれませんね。

　天気の仕組みは時代も越えて生きています。いまの私たちは隠れる必要はないのですが、この雲を見たら「季節の変わり目」、そして天気は下り坂に向かっていると知っておけば十分です。

● ぐるっと1周　太陽の輪　傘のサイン
# 氷のつぶが反射して見える暈(かさ)

　太陽のまわりにぐるっと1周、ドーナツのような光の輪が見えることがあります。
　この光の輪を「暈」といいます。難しい漢字ですが、太陽を意味する「日」という漢字が頭に乗っかっていますね。この暈も天気を予報する時に使える現象なのです。
　暈ができるには、西から低気圧が近づき巻層雲(けんそううん)が出てくることが条件です。上空5000メートル以上の高いところにあるその雲には、たくさんの氷のつぶがあります。真冬の北海道で、地上付近の空気の水分が凍って「ダイヤモンドダスト」がキラキラと輝(かがや)いて見られるのと同じように、雲のなかの氷に太陽の光がぶつかり、あたかも輪ができているように見えるのです。
　暈は、低気圧が近づいてくる時に現れることがあるため、天気が下り坂になるサインです。翌日から2日後には雨模様になるかも。天気予報もチェックして傘のご準備を。

● 十五夜に 綱引きがんばる 伝統祭
# 十五夜の月が見られる確率は41％

　十五夜の満月のもと、ススキやお団子を供えるのは、日本の伝統的な風習ですね。月の暗く見える部分の形が「ウサギの餅つきに見える」といいます。

　満月は、「望月」とも呼ばれます。望月が転じて「餅つき」になり、昔の人たちは、餅つきをして、お団子にして食べることは、農作物の豊作を願う縁起のいいことだと考えていたようです。「お月様」という言い方が、いまでも残っているのは、月が尊いものだという考えの名残といえるでしょう。

　そんな十五夜の厳かな日、九州の南部では、意外と激しいお祭がいまも行われています。それが「綱引き」です。草を集めて太い綱を編み、それを引っ張り合ったり、それをもって町を練り歩いたりします。ただ、月を眺めて祈るだけでなく、実際に体を動かして、五穀豊穣を願うお祭です。

　最近は春に行われることも多い運動会ですが、「綱引き」の時には、そんなお祭も思い出して、引っ張ってみたいですね。ちなみに、21世紀に入ってから東京で十五夜がきれいに見られたのは17年間に7回、確率は

約41％です。秋雨や台風シーズンなので毎年見られるわけではありませんが、見られなかった時は秋晴れシーズンの十三夜の月に期待しましょう。

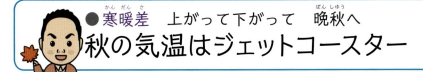

● 寒暖差　上がって下がって　晩秋へ
# 秋の気温はジェットコースター

　秋は気温の変化がジェットコースターのように日々めまぐるしく変わることがあります。暖気や寒気が次々と日本列島を通過し、冬将軍も出動の日をいまかいまかとうかがっています。秋が深まってくると日々の寒暖差が大きいのはもちろん、体感温度が大きく変わって服装選びの難しい季節ではないでしょうか？

　たとえば同じ10度の寒暖差でも35度の猛暑から25度に下がったらホッとしますよね。35度も25度も同じTシャツ1枚で過ごせると思いますが、20度から翌日10度に下がったらどうでしょう？　一般的に20度なら薄手の羽織る物が1枚あれば十分ですが、10度になったら冬物のコートがほしい気温です。さらに冷たい木枯らしが吹いたら体感温度はもっと低くなってしまいます。体調を崩さないためにも、この時期は天気予報をこまめにチェックしてくださいね。

●勘違い　だれでもあるある　秋桜
# 秋に咲く桜は台風のせい

　春の花といえば「桜」ですよね。じゃあ、秋の花といえば…。「う〜ん…」。コスモスかなぁ。

　漢字で書くと「秋桜」ですよね。コスモスを秋桜と書くのは、昭和の大ヒット曲がきっかけといわれています。さだまさしさんの作詞作曲で、1977年に山口百恵さんが歌った歌のタイトル「秋桜」をコスモスと読ませたんです。本気と書いて「マジ」みたいな…。どうもこの時、漢字を違う読み方にすることが流行っていたみたいです。

　話が逸れましたが、気象条件によっては本当に秋に咲いちゃう桜があるんです。桜は通常、秋に花芽をつくり、冬は葉っぱを落として休眠します。その後、冬の寒さに一定期間触れることで開花スイッチが入り、その後の暖かさで開花に至ります。ところが、夏から秋に台風がやってきたり強風が吹き荒れたりすると、葉っぱが飛ばされてしまうことで冬がき

たと勘違いしてしまう桜があります。その後に暖かい日が続くと、いよいよ春がきたと思って花を咲かせてしまう。これを「不時現象」といいます。

　嵐や台風の後に、桜の木をよく観察してみてください。もしかしたら秋にお花見ができるかもしれませんよ。本来春に咲くソメイヨシノなどは、秋に開花してしまうとその花は翌春には咲きませんが、勘違いして咲いてしまう桜は通常1本の木に数えるくらいですから、翌春のお花見に影響が出るほどではありません。でも春を待ちわびる桜が、うっかり秋に咲いちゃうなんてちょっとかわいそう。台風のばか〜。

## 小倉智昭もうなった…高千穂のかっぽ鶏

　神話の里として知られる宮崎県の高千穂は、秋が深まり冷え込みが強まると早朝に霧が発生し山々を包み込み、美しい雲海が広がります。この地には昔から伝わる伝統料理があります。その名も「かっぽ鶏」。

　この地方では竹のことを「かっぽ」と呼び、かっぽを器として使う料理が「かっぽ鶏」です。地鶏とニラをたっぷり青竹に入れて、にんにく醤油で味つけ。そこからぐつぐつ煮ると青竹のエキスとあいまって、まろやかでなんともいえない高千穂の味を楽しめます。

　いままでたくさんおいしい物を食べてきた小倉智昭さんも思わずうなったかっぽ鶏。高千穂の山仕事をする男たちが食べていた伝統の調理法に、たまげった〜。

青竹の香りもする野趣あふれるかっぽ鶏。

●秋の服　脱いだり着たり　アマタツ流
# 気温に合わせたコーディネイトを

　これは私の得意分野ですね〜。毎日、外から天気予報をやっているので服装は任せてください。天気予報のコーナーで着ている服は、スタイリストさんが選んでいるわけではなく、自分で選んでいます。私が担当している天気予報の時間は午前9時半頃。洗濯したり、片づけなどをしながら見てくれている人がほとんどで、テレビにかじりついて見ている人はあまりいないと思うんですよ。だからパッと見てわかる天気予報を心がけていて、その1つが洋服です。

　その日の気温や天気によって服装を選び、「とくダネ！」をご覧になっている方に少しでも役立てていただければと思っています。

　ただ、秋は服装が難しいですよね。「秋の日はつるべ落とし」なんていいますが、気温もつるべ落としのように夕方から急に寒くなったりします。昼間は夏の名残の強い日差しが照りつ

74

け汗ばむ陽気でも、夕方以降スーッと気温が下がってくる。そんな時はよく、「脱いだり着たりしやすい服装がおすすめです」とかいいますが、気温と服装の大体の目安があるのでご紹介したいと思います。

◆ 25度以上なら半袖
◆ 20〜24度なら長袖シャツ
◆ 15〜19度ならパーカやカーディガンなどの羽織り物
◆ 10〜14度ならジャケット
◆ 10度未満なら冬のコート

　暑がりの人、寒がりの人がいると思いますのであくまでも目安ですが、これを参考に最低気温や最高気温に合わせて選んだり、出かける時間帯の気温に合わせて選んでいただければ大失敗はしないと思います。

　ただし、そもそも予報が大外れしたら意味ないですが…。そのあたりは責任重大！頑張ります（汗）。

コーディネイトも参考に！

●気象病　意外に深刻　要注意！
# 寒暖差や気圧の変化で病気発症

「気象病」という言葉を聞いたことがありますか？　主に寒暖差や気圧差など日々の気象変化で発症するものを気象病といいます。

気象病の症状は人それぞれですが、低気圧が近づくと心臓の不調、気分の落ち込みなどを訴える人がいます。また、低気圧が通過して気圧が急に上がってくると、リウマチ、関節炎、ぜんそく、頭痛などを訴える人もいます。気象病は寒暖差と気圧差が原因といわれていますから、日々の天気予報をチェックして1日の寒暖差が10度以上ある時は気をつけるなど、自分の体の変化と天気の関係を調べてみるといいでしょう。

ちなみに、花粉症やインフルエンザ、脳卒中、秋の食中毒など季節によって起こりやすい病気なども季節病と呼んでいますが、それら以外にもあります。その3つをご紹介します。

1つ目は、「寒暖差アレルギー」。症状は花粉症と似ていて、

くしゃみや鼻水が出ますが、原因が花粉ではなく、1日の気温の寒暖差に体が適応できずに起こるアレルギーの一種です。

　2つ目は、「ヒートショック」。暖かいリビングから寒い脱衣所に移動したり、暖かい部屋から寒い屋外に出たりした時の急激な温度差によって引き起こされる血圧の大きな変動をきっかけにした健康被害で、心筋梗塞などを引き起こすことがあります。防ぐには、脱衣室を暖かくしたり、着込んで外に出るように心がけるのがよさそうです。

　最後は、「熱中症」。夏のものでしょ、と思われるかもしれませんが、冬にも熱中症による「隠れ脱水」があるのです。部屋が乾燥したり、寒さでトイレが近くなったりして、体の水分が気づかないうちに失われることがあります。夏と同じように、こまめな水分補給、そして湿度の管理で対策しましょう。部屋の湿度は、50〜60％がベストだといわれています。

● 紅葉（こうよう）の 見頃遅れて Xmas？
# 冬に紅葉を見るようになるかも

　秋は紅葉シーズン！　山がカラフルに染まっていく様子（ようす）は、まるで山がおしゃれしているように着飾（きかざ）って見えることから「山粧（やまよそお）う」といいます。そんな美しい日本の風景に最近、異変が起き始めています。紅葉といえば秋の風物詩（ふうぶつし）ですが、近年、地球温暖化などの影響で色づきが遅くなる傾向にあります。紅葉は気象庁でも毎年観測していて、たとえば東京都心（とうきょう）の紅葉の平年日は11月27日です。全国的にみると50年前と比べて約15日遅くなっています。このまま温暖化が進むと2060年以降、東京の紅葉の見頃はクリスマス頃になってしまうかもしれないんですよね。クリスマスに紅葉…。もしかしたら真っ赤なモミジにクリスマスの飾りつけをして、モミジツリーができちゃうかも…。

　すでに近年、暖かい年は初詣に行って真っ赤に紅葉した木を見つけることがあります。昔はこんなことなかったのに…。

● 木枯（こが）らしや　初もの続々　運ぶ風
# 秋の楽しみ四段染め

　秋が深まってくる10月下旬から11月、木枯らし1号が吹くと冷たい北風に乗って「初もの」がやってきます。

　初ものと聞くと、初ガツオ、新蕎麦（そば）などおいしい秋の食べ物を思い浮かべるかもしれませんが、天気の「初もの」はちょっと違います。初冠雪（かんせつ）に始まり、初霜（しも）、初雪、初氷の4つです。

　初冠雪は、夏が過ぎた後、ふもとの気象台から山の頂が雪で白く見えることが条件です。雪が降っていることがわかっていても、山頂に雲がかかっていてふもとから雪が見えないと初冠雪にはなりません。

　初冠雪の後は、この時期ならではの絶景（ぜっけい）が広がります。それは山頂（さんちょう）の雪、中腹（ちゅうふく）の紅葉、ふもとの緑の三段染め。これに青空が加われば四段染めの絶景に。季節の移り変わりを山々が教えてくれます。

## ●1年に 実は4回 梅雨がある
# 季節の変わり目は雨続き

　一般的に「梅雨」といえば6月から7月にかけての長雨をいいますが、それだけではありません。実は1年に4回梅雨があるんです。

　もちろん、本来の梅雨のように1か月以上天気がぐずつくことはありませんが、2週間くらい曇りや雨の日が続くことがあります。「季節の変わり目は天気がぐずつく」って聞いたことありませんか？

　冬から春にかけてのぐずついた天気を「菜種梅雨」、春から夏は「梅雨」、夏から秋にかけて降る雨は「秋雨」「秋霖」、秋から冬の長雨を「山茶花梅雨」といいます。これらの梅雨は年によってはっきり表れないこともありますが、それぞれの季節に合った植物の名前がつけられているあたり、なんだか風流でいいですよね。

　11月から12月のぐずついた天気は「山茶花梅雨」です。「山

80

茶花梅雨」って響き、好きなんですよね！　素敵じゃないですか？　花が少なくなるこの時期に公園や庭先を彩ってくれる山茶花。椿は花ごとボトッと落ちてしまいますが、山茶花は花びらがハラハラと舞い落ちるんです。また、山茶花を打つ冷たい雨を「山茶花時雨」とか「山茶花ちらし」といいます。「山茶花ちらし」…なんだかおいしそうだなと思いませんか？

## なんとあのししゃもがお寿司に！しかも絶品!!

　ししゃもが大量に遡上してくる時期には、なぜか荒れた天気になり、海はシケ状態になります。ししゃも漁をしている人たちはこれを「ししゃも荒れ」と呼んでいます。
　ししゃもは北海道の太平洋側でしかとれない幻の魚。普段、東京で食べているのはカペリンという樺太ししゃもという種類がほとんどなんだそうです。本物のししゃもの味は旨みが濃いというかとても味わい深い。子持ちのメスはもちろんウマいけど、オスもとってもおいしいです。私、むかわ町にししゃも取材に行った時に衝撃を受けました！　それはししゃも寿司。透き通るような白い身は脂が乗っているにもかかわらず、まったくしつこくない。口に入れるととろけるような上品な甘味が口のなかいっぱいに広がり、あっという間になくなっちゃう…。だからいくらでも食べられちゃうんですよ。とろけるむかわのししゃも寿司に、こりゃたまげった〜。

期間限定でしか食べられない。

81

● 渡り鳥　風に運ばれ　いらっしゃーい
# 雁渡しは神風か？

　渡り鳥にはツバメのように春、日本にやってきて繁殖し、秋に東南アジア方面に渡っていく夏鳥と、シベリアなどから越冬のために秋、日本へやってくるツルや雁のような冬鳥がいます。秋はちょうど夏鳥と冬鳥が入れ替わる季節なんですね。あの小さな体で数千キロも移動するわけですから、鳥たちは風を味方につけて飛んでいきます。そんな渡り鳥たちを目的地に運んでくれる風を「雁渡し」といいます。雁渡しは冬鳥を日本へ、夏鳥を南の国へ運んでくれる、鳥にとってはいわば神風。どうやって風を読んで渡るのかは鳥に聞いてみないとわかりませんが、何かサインがあるのかもしれませんね。沖縄では本州などで繁殖した夏鳥が秋に戻ってきますが、この風を「新北風」と呼び、秋の訪れの目安です。生きていくために毎年何千キロも旅をする渡り鳥、体力にあまり自信のない私はあらためて人間でよかったなぁ、としみじみ思います。

● 晴れた朝　霧と強風　神秘的
# 自然の不思議！肱川あらし

　気象現象には、その土地でしか見ることができない珍しいものがあります。
　愛媛県の大洲盆地から大量の霧があふれ出す「肱川あらし」もその1つです。秋に冷え込みが強まった朝、ゴーゴーと音を立てて霧が流れ出す様子は本当に迫力があって、寒さを忘れてしまいそうです。
　肱川あらしが起こるメカニズムは局地的な現象のため、まだ完全に解明されていませんが、肱川中流の大洲盆地と伊予灘の寒暖差が原因で、冷え込んだ大洲盆地に発生した霧があふれ出し、谷になった肱川の下流を風が吹き抜けていくのではないかと考えられています。昔から大洲盆地は朝霧によく包まれるため、この霧が原因で大洲の人は色白が多いなんていう言い伝えがあるそうです。昔から肱川あらしは有名だったんですね。

## 寒さがつくり出す幻の寒晒蕎麦

　栃木市の出流山満願寺では、秋に収穫した蕎麦の実を数日間凍るような清流にさらします。そのあと冷たい風と直射日光にさらして乾燥させると雑味がとれて、ほのかな甘味と香り豊かな蕎麦になります。昔からある手法ですが、手間がかかるため現在ではつくり手が少ない幻の蕎麦です。

　さらに蕎麦を食べるだけでなく、1年のうちで一番寒い時期とされる「大寒」には滝行ができるんです。ダウンを着ていても寒いくらいですが、人生何事もチャレンジです。生まれて初めて滝行を体験してきました。

　覚悟を決めて滝に打たれましたが、思ったよりすごい衝撃！ 1分間、滝に打たれるんですけどこれが長い！ 長い！ こんなに長い1分はいままで経験したことがありませんでした。滝に打たれている間は震える寒さでしたが、終わった後はなぜかとてもスッキリ。そんなに寒くないんですよ。不思議ですねぇ～。気温5度以下、真冬の滝行と絶品の寒晒蕎麦に、たまげった～。

手間をかけたシコシコした食感の蕎麦。いただきま～す。

冬将軍
大雪・吹雪
正体は…

冬

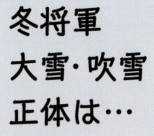

● 冬到来！ ゴロゴロピカッと ブリおこし
# 雷鳴は寒ブリの幕開け号砲

　北陸地方では、11月後半から12月頃になるとゴロゴロと雷が鳴り、冬の嵐の到来です。そんな冬の嵐の前ぶれである雷を「ブリおこし」といいます。なぜ「ブリおこし」なのかというと、昔は初冬の雷による地鳴りで、ブリが海の底から驚いて出てくるといわれていたからです。まぁ、実際にブリが雷に驚いて浅瀬にやってくるのかどうかはブリに聞いてみないとわかりませんが、いまでは雷が鳴り海が荒れることで小魚が穏やかな富山湾などに逃げ込むことから、ブリもその小魚を追ってくるのではないかといわれています。まさにブリおこしは寒ブリシーズン到来の合図ですね。

　このブリおこしの後には強い寒気が入り大雪になることもあることから、ブリおこしは別名「雪おこし」ともいいます。

　太平洋側に住んでいる人たちにとっては、雷といえば夏のイメージがあるかもしれませんが、北陸では初冬から冬に

「冬季雷」という雷が頻繁に発生します。冬季雷は夏の雷の100倍以上のエネルギーをもつものもあるそうです。雲のなかでエネルギーを溜めに溜めていっきに「ズドーン!!」。初めて体感した人は地震と勘違いするほどです。そんな冬の雷は怖いですが、北陸の冬はおいしい海の幸やお酒がいっぱい！ 寒ブリのしゃぶしゃぶ、日本酒と一緒にいただきたいですね。そういえば、以前富山に仕事で行った時に夕食で日本酒をいただきました。それも翌日が怖いくらい呑んじゃったんですが、朝起きたら信じられないくらいスッキリ。まったく残らなかったんですよ。後で聞いたら立山連峰の良質な雪どけ水でつくってるから、翌日残らないんですって！ 「お風呂のお湯が柔らかくて美肌になれるよ！」っていってる人もいました。

　私も老後は富山に住もうかなぁ、なんて真剣に考えることがあります。

　さらに富山ってお天気ネタの宝庫なんですよ！

　春は20メートル近い雪の壁が見られる立山黒部アルペンルートから魚津の蜃気楼、さらに絶品の白エビやホタルイカ。海と山が近いから、夏なんか立山に登ってから海でも遊べちゃうんですよね。

　何気に富山は気象予報士仲間の間では人気のスポットなんですよ！

● 冬将軍　年末年始の　過ごし方
# プロ野球と天気の不思議な関係

　年末年始は普通、震えるような寒さになりますが、年によっては「本当に冬なの？」って疑っちゃうような穏やかなお正月がありますよね。これらすべては冬将軍様のご機嫌次第。

　とはいえ冬将軍にもリズムがあるらしく、通常クリスマス頃にやってきて、そのあと年末寒波、新春寒波と短い周期で立て続けに日本列島に大雪や極寒をもたらします。

　ところが、どういうわけか冬将軍が一向に日本にやってこない年もあります。こんな年はシベリアからの季節風も弱くて、イラストのように小倉智昭さんや菊川怜さんが海岸で仲良く羽子板を楽しめちゃったりします。長期予報では、「暖冬」だの「寒くなる」などの予報が出てきますが、これらの予報は熱帯の海の様子から組み立てていきます。でも主役はやっぱり冬将軍！　その冬がどうなるのか、最後は冬将軍次第なんです。

　気まぐれな冬将軍と仲良くなれるよう私も日々奮闘中です。

　そんななか、冬が寒くなるか暖かくなるかについて、あるデータを発見しました。私の趣味はプロ野球観戦なので、暇な時に調べてみたんですよ。天気とプロ野球の関係！

　絶対そんなのないと思うでしょ。でもあったんです。それは「阪神タイガースが優勝すると冬が寒くなる」。なぜだかわかりませんが、タイガースがリーグ優勝した時は冬がいつもより寒くなってるんです。阪神が優勝すると天気図も縦縞（冬型気圧配置）になっちゃうようです。

【日の出が一番早い場所】

　本州で、簡単に行けて、誰よりも早く初日の出を見たい人は、千葉県鴨川市にある清澄山へどうぞ。ここは極真空手発祥の地でもありますが、初日の出スポットで有名な犬吠埼より標高が高いため、2分だけ早く初日の出が見られます。ただし、日の出の時刻は最低気温が記録される時刻でもありますから、暖かくしてお出かけください。

● 雪か雨　1度の攻防　胃が痛い
## 関東の雪は予報士泣かせ

　気象予報士のなかには「関東の雪」と聞いただけで胃が痛くなってしまう人がいます。何がそうさせているのかというと、とにかく関東平野に降る雪の予報が微妙すぎるんです。

　氷点下なら降ってくるのは雪ですが、関東の場合は気温が0度前後で降るため、雨なのか雪なのか、たった1度、いや0.5度違っただけで結果は変わってしまうのです。しかも雪国なら多少積もろうが影響はありませんが、普段雪の降らない東京都心では数センチ積もっただけで交通機関は麻痺し、帰宅難民が出てしまうほど雪に弱いんです。また翌日は降った雪が凍りつき、転んでけがをする人がたくさんいます。天気予報を出す際、特に慎重になるのが高速道路関係の会社などです。降雪予報が出たら大幅に人員を増やしてスリップ事故対策などを行いますが、その予報が外れた場合は代償も大きくなります。一晩で数億円単位のお金が動くと聞いたことがあります。

　関東では、ビルの屋上では雪なのに地上では雨なんてことはよくあります。大まかな目安では気温2度が雨と雪の境目、1度を下回ると雪が積もりだすといわれますが、実際は気温だけでは決まらず湿度などの影響を大きく受けます。気象予報士にとって関東の雪の予報はやりがいがありますが、相当神経を使いますね。

　以前、東京に雪が降るかも、という予報が出たので、より雪が降りやすい奥多摩に行ったら奥多摩は晴れていて、23区の練馬で降ってたなんてこともあります。雪予報のときは最新の気象情報を確認してくださいね。

● お正月　星に願いを　流星群
# 年明け3日から4日が見頃

みなさんは三大流星群をご存じでしょうか？

1つ目は夏に見られるペルセウス座流星群。何となく聞いたことがあるかもしれません。

2つ目は12月に見られるふたご座流星群。知ってるかな？

そして最後は、お正月に見られるしぶんぎ座流星群です。「知らな〜い」って声が聞こえてきそうですが、お正月の3日から4日に見られることから、新年の幕開けにぴったりと楽しみにしている人も多いんです。ただ、しぶんぎ座流星群はピーク時間が短いため、昼間にピークがやってくる年はあまり見えませんが、深夜にピークがくる年は1時間に50個近く見えることもある当たり外れが激しい流星群です。

観測する時には、月明かりや街明かりの少ない暗い場所でしばらく眼を慣らします。しぶんぎ座流星群は放射点が北東方向にあり、そこから空全体に放射状に広がりますので、方向は気にせず空全体が見渡せるような広い場所で観測するのがおすすめです。これはどの流星群にもいえることなので覚えておいてくださいね。もちろん肉眼で見ることができます。お正月から流れ星が何個も見られるなんてロマンチックですが、忘れちゃいけないのが防寒対策。マフラー＆手袋＆腹巻などの防寒対策を万全にして楽しんでください。

● 雪結晶　冬空漂う　フワフワと
# ちょっと怖い天からの手紙

　東北で暮らす人からこんな話を聞きました。「ゴーゴーと吹雪いている夜よりも静かな夜が怖い」と。吹雪いていれば雪が飛ばされて積もりにくいですが、静かな夜ほどしんしんと雪が降り積もってしまい翌日が恐ろしいというわけです。昔ほど雪が降らなくなったとはいえ、最近はたまに降るといっきに降り積もる「ドカ雪」が増えたという声も聞きます。最近、極端な天気が本当に増えましたよね。

　みなさんは雪の結晶を見たことがありますか？

　雪の日に黒い布を敷いて、その上に降ってくる雪を観察すると肉眼でもなんとなく結晶の形がわかりますよ。雪の結晶って、上空の気温や湿度によって変わってくるんです。板状だったり柱状だったり空の様子で雪の結晶が決まるから、「雪は天から送られた手紙である」といわれます。

　雪の結晶は、なんと江戸時代から観察されていたようで、しかも当時、すでにオランダ製の顕微鏡を使って観察し、雪の結晶を手書きで描きとめていました。当時描かれた味のある『雪華図説』が残っています。さまざまな形の雪の結晶をどんな気持ちで描いていたのでしょう？「雪は天からの手紙…」。ロマンチックですね。

● 極寒に 黄色い絶景 磐梯山
# 圧巻の氷瀑を見に行こう

　自然がつくり出す景色には、時として息を呑むほど素晴らしい絶景があります。日本でも四季折々、素敵な景色を見ることができますが、なかでも真冬の磐梯山（福島県）には知る人ぞ知る素晴らしい景色があります。

　そこは裏磐梯スキー場のリフトを降りてから雪の上をさらに歩くこと1時間近く。山奥に突如現れるイエローフォールです。イエローフォールは文字通り、一面の銀世界に突如現れる黄色く凍りついた滝のことです。磐梯山の極寒期にしか現れない神秘的な光景！　近づいてみると、本当にその辺りの雪の壁だけが黄色く染まっているので、とっても不思議な感じがします。

　イエローフォールには磐梯山からの雪どけ水に含まれる硫黄や鉄分が雪の壁に染み出して凍りついているため、黄色く見えるのだそうです。イエローフォールはピーク時で縦横10メ

写真提供：ピクスタ

金色に輝くようにも見える圧巻のイエローフォール。

ートルほどもあり、巨大な黄金色の凍った滝は絶景です。車で簡単に行けるような場所ではありませんが、雪の上を歩いてようやく出会える景色は真冬の寒さを忘れさせてくれるほど圧巻です。

毎年見頃は2月の極寒期。みなさんもイエローフォールの素晴らしさを一度味わってみてはいかがでしょうか。

## 幻の魚ばばちゃん

　全長1メートル。体は長く太く、口は大きく目は小さい。体は黄色を帯びた灰褐色で、黒いマダラ模様が入っている。正面から見ると顔の雰囲気がおばあさんの顔に似ていることから、いつしか「ばばちゃん」といわれるようになりました。正式名は「タナカゲンゲ」です。

　鳥取などの日本海側で冬にとれますが、水揚げはけっして多くありません。まな板の上で「おいしく食べてください」と訴えているように見えなくもないですが、どうも食べる気にはなれません。でも実際に食べてみると身は白身で淡泊な味をしていて、生きのいい物を刺身にしたり、鍋ものや煮つけにすると上品でとてもおいしい。ばばちゃんの姿と中身のギャップに、たまげった〜。

見た目はともかく、味はいい。

● 太陽が だるま に見える これなんで？
# 幸せになるチャンスは2回！

　冬の冷え込んだ朝、水平線から昇る太陽がだるまのような形をしていることがあります。この現象は蜃気楼の一種で、その名の通り「だるま朝日」といいます。

　真冬の朝、冷え込みが強まると海面の海水温と大気の温度差が大きくなります。そうすると水蒸気に光が屈折して太陽がだるまのように見えるんです。もう1つの条件は晴れること。当たり前だといわれそうですが、それが一番難しいんです。というのも、上空は晴れているんですが、朝は水平線付近にだけ雲がかかってしまうことも多いから。だから、なかなか見ることができないんですよ。このため、「だるま朝日を見た人は幸せになれる」なんていわれてるんです。高知県の室戸市は、太平洋に突き出した地形のため、東にはだるま朝日、西にはだるま夕日まで見ることができる珍しいスポットです。朝がダメでも、夕方にチャンスがあるかもしれません。

● 雪まくり　自然がつくる　雪ロール
# 北国の春の知らせ

　春の便りといえば桜の開花がありますが、まだまだ雪が残る北国でもこの時期、ちょっとした春の便りがあるんです。

　それが雪のロールケーキ！　何だかおいしそうですが、ある条件がそろうと、雪がロールケーキのように巻かれた不思議な現象が見られるんです。

　これを「雪まくり」といいます。春が近づくと、時折雪ではなく雨が降ります。その後冷え込むと、古い雪の上に氷の層ができます。そこに新雪が積もり風が吹くと、雪がまくり上げられ、転がり、雪まくりができます。雪まくりは、自然がつくる雪だるまなんですね。ただ、風が強すぎると雪が舞い上がってしまいますし、雪質もサラサラだとできません。適度に傾斜のある場所などでは、冬の終わりに雪まくりがたくさん転がっていることがあります。雪国で雪まくりを見たら、春が近いということです。

● 真珠雲　見える見えない　運次第
# 七色に輝く謎の雲の正体は？

　北極や南極では年に数回、真珠雲という非常に珍しい雲が現れることがあります。私は見たことはありませんが、真珠雲は七色の光を放ち一度見たら忘れられないほど美しい雲だといいます。

　通常、雲は対流圏という高度15キロメートル以内で水蒸気が冷やされて発生していますが、真珠雲はそのさらに上の成層圏のなかでも高度20〜30キロメートルのオゾン層があるエリアで発生します。成層圏は普段、雲の元になる水蒸気も少ないため、真珠雲ができることはほとんどありません。

　ところが、2016年の冬には北極でもなければ南極でもない、イギリスやノルウェー、ロシアなどでたくさんの目撃情報がありました。真珠雲は太陽が沈んだ後、太陽の方向にしか色がつかず、そのほかは白く光ったり透明で見えません。偶然、太陽と雲の位置関係がぴったり合ったところにいる人だけが

この奇跡的な雲に出会えるので、たとえばイラストのように、菊川怜さんには見えて、小倉智昭さんには見えないなんてことが起こります。

ただ、真珠雲は美しい外見にもかかわらず、オゾン層破壊や地球の温暖化に関係しているとの説があります。まだはっきりわかっていませんから、美しいだけでなく、謎の雲でもあります。今後の研究が待たれますね。

夕やけに浮かぶ真珠雲。

## 龍馬も食した？ 絶品潮かつお

江戸時代から伝わる保存食「潮かつお」。あの坂本龍馬も食べたという静岡県西伊豆町でしかつくられていない大変貴重なものです。

潮かつおの味を左右するのは、冬の駿河湾から吹きつける強い季節風です。風速10メートル前後、気温10度以下の環境で干すとおいしくなるといわれています。西伊豆の風土がつくる伝統料理に、たまげった～。

生産者が少なくなっている潮かつお。

● 大気汚染　決め手は中国　高気圧
# シベリア高気圧が重し

　中国大陸からPM2.5などの大気汚染物質が日本に飛来することが問題になっています。いわゆる越境汚染ですが、そのカギになるのがシベリア高気圧です。シベリア高気圧がどんと居座っているような時は冷たい空気が中国大陸に留まり、本州付近へは流れ込みにくい状況です。

　しかし、春が近づきシベリア高気圧が撤退して日本の上空に西風が吹き始めると、大気汚染物質は中国大陸から頻繁に日本へやってくるようになります。空がかすんで見えるような時はたとえ晴れていても洗濯物は部屋干しにするなど注意が必要です。この時期は同時に花粉や黄砂なども舞っていて、これらとPM2.5がくっつくことでアレルギーを悪化させるなどの作用が心配されます。PM2.5などの大気汚染物質は、中国本土で冬場に使用する石炭が主な原因といわれています。このほかにも、急激に増えた自動車が排気ガスをまき散らし

てしまっていることが考えられます。

　冬になると、中国では真っ白にもやがかかりマスクをしながら生活をする人がテレビニュースで報道されますが、この状況が変わらない限り日本にも大気汚染物質がやってきてしまいます。日本も以前は排気ガスや大気汚染物質をたくさん出して問題になっていた時期があります。中国も早く打開策を見つけて、実行してほしいですね。それには近隣諸国の協力も必要かもしれません。

## 【日本の最低気温の記録は？ 破られない極寒記録】

　北海道の旭川でマイナス41度が記録されています。

　1902年1月25日のこと。以降115年以上破られていない記録です。日本の歴史上、最大の寒波。実は、その寒さを印象づける出来事が、その時に起きていました。高倉健さん主演で映画化された「八甲田山」の行軍です。

　日露戦争前に、その大寒波の最中、青森県八甲田山で行われた訓練に出発した多くの兵士たちが命を落としました。当時の記録を見ると、寒さはもちろんですが、大雪や吹雪で身動きが取れなくなってしまったことも原因のようです。

　私が取材したなかで最も寒かったのは、ロシアのサハ共和国です。気温はマイナス41度。日本の最低気温の記録を実際に体感しました。寒いというか、顔を出して歩いていると肌の感覚がなくなって危ないんですよ。手袋をしていても手がかじかんで動かなくなってきました。市場では魚がフランスパンのように凍りつき、バナナで釘が打てます。お湯を注いだカップラーメンを数回箸で回して持ち上げると、そのまま凍りついてオブジェになります。

　そんな極寒のなかでも人々が普通に生活しているのが一番驚きましたね。日本に帰ってしばらくはお台場の真冬の強風もたいして寒く感じませんでした。慣れってすごいですね。

● 沖縄で 真冬に夏日 田植えする
# 1か月で夏日とみぞれを体験

　沖縄では、冬至に「トゥンジージューシー」という冬至雑炊を食べる風習があります。これで寒さをしのぐのだそうで、沖縄といえども真冬は20度を切ってきます。

　ところが、2015年の冬至の日（この年は12月22日）、なんと与那国島で27度を記録するなど沖縄各地で夏日（25度以上）

になりました。宜野湾のトロピカルビーチでは、波打ち際をはだしで走る観光客の姿が見受けられたと報道されました。もともと、この冬は暖冬傾向でスタートしたのですが、年が明けて2016年の1月後半になると夏日から一転、今度は強烈な寒波がやってきて、真冬の寒さが続きました。1月24日には沖縄に数十年に一度レベルの寒気が流れ込み、沖縄本島で観測史上初めてみぞれを観測しました。この日は沖縄本島で初めて雪（みぞれ）が降った歴史的な日になったんですね。私もこの時は「もしかしたら…」と予報資料を見て思いましたが、天気予報ではいえませんでした。沖縄で雪なんて、もし降らなかったらアホかと思われる…って最初に思っちゃったんですよね。でもみぞれが降るくらい強い寒気が入ってくることがわかっていたので、可能性だけでもいっておけばよかったなぁって、ちょっと後悔しています。

　沖縄の石垣島では1月の終わり頃から日本一早い田植えが

スタートします。沖縄でお米をつくっているイメージはあまりないかもしれませんが、沖縄は本州に比べて暖かいため、同じ田んぼで1年に2回お米をつくること（二期作）ができます。

沖縄といえばサトウキビの栽培が中心ですが、お米は暖かい地域の作物なので、実は沖縄の気候に合っているんです。昔はあちこちでお米をつくっていました。ところが、1950年頃から砂糖の値段が上がり、1960年以降、稲作農家がサトウキビに徐々に変えていきました。さらに戦争が終わった後、1972年の本土復帰までの間、外国から安い米が自由に輸入されたため、お米をつくる農家がどんどん減ってしまいました。

しかし、いまでも石垣島を中心に少ないながらもお米がつくられているんです。石垣島のお米、ぜひ、一度食べてみてください。噛むほどに甘味がジワッと染み出てくる感じでとてもおいしかったですよ〜。

● 川のなか　クルクル回る　ミステリー
# 一度は見たいアイスサークル

　世の中には不思議な現象があるものです。真冬に流れの緩やかな小川や湖沼などに行くと、丸くて薄い氷がクルクル回っていることが稀にあります。この現象はアイスサークルといわれるもので、非常に珍しい現象です。稀に画像や動画がインターネットなどに投稿されることがありますが、数メートルの円盤状の氷がゆっくりと回っている姿は水上のミステリーサークル。氷の歯車をピタリとはめ込んだような見た目です。かつてはロシアの極寒の地、バイカル湖で直径数キロメートルという巨大アイスサークルが出現したとの報告があります。

　アイスサークルがなぜできるのかはわかっていません。ただ、流れの比較的緩やかな場所で何らかの力が加わり、奇跡的に回転するようです。私もこのLPレコードのように回転する自然現象を一度見てみたいです。

● 極寒の海　キラキラ光る　宝石箱
# 寒さがつくるジュエリーアイス

　真冬の北海道は寒い！！

　この寒さがつくる絶景が、北海道にはたくさんあります。その1つがジュエリーアイス。まるで宝石のように輝く氷の塊が真冬の海岸にたくさん打ち上げられるんです！　寒さを忘れてしまうくらい美しい景色です。

　ジュエリーアイスは北海道でも太平洋側の十勝川河口付近でたくさん見ることができます。真冬の十勝川は朝晩の冷え込みで凍りつきますが、日中は日差しを浴びて温まり、氷がとけて海へ流れ出します。流れ出した氷は太平洋の荒波にもまれて丸くなり、海岸に打ち上げられます。その氷に太陽光がキラキラと反射することで、まるで宝石のような輝く氷の絶景が現れます。真冬の十勝名物、ジュエリーアイス。海岸には極寒のなか、大勢のカメラマンが集まります。いつか私もジュエリーアイスをバックに天気予報の中継をしてみたいですね。

● 寒い冬　乾燥厳禁（かんそうげんきん）　加湿して
# 湿度がカギ　インフルエンザ予防

　寒くなると暖房を使いますよね。エアコンの性能はよくなってきていますが、やはり乾燥は気になります。インフルエンザが流行するこの時期、ウイルスを撃退（げきたい）するためには湿度を保つ必要があります。

　湿度を50％以上に保つとインフルエンザウイルスの生存率が大幅に下がることが実験によりわかっています。具体的には、気温21〜24度で湿度20％と乾燥している場合、6時間後のインフルエンザウイルスの生存率は60％に対し、同じ温度で湿度を50％に上げると生存率が3〜5％まで下がるのです。この時期は、乾燥しがちな部屋は加湿器などを使って、湿度50〜60％に保つことが大切です。

　また、暖房器具を使っていると暖かい空気が上のほうに溜（た）まり、床の近くが寒くなってきてしまいます。そこで、足元を暖かくして過ごすためのアイデアです。それが扇風機。「この

寒い時期に扇風機を回す気にならない！」という人の気持ちもわかりますが、騙されたと思って一度試してみてください。エアコンの風向きをできれば下向きにし、扇風機を上向きにして回すと空気がかき混ぜられて部屋の下部が暖かくなります。どのくらい暖かくなるのか、気象予報士の先輩が実際に自分の家でやってみたら、扇風機を使う前は部屋の上部と下部で7度以上の温度差があったのですが、扇風機を使用したら4度以下に抑えられました。

　扇風機を使ってポカポカ快適な部屋のでき上がり！　足元が寒くて悩んでいる人は、試してみてはいかがでしょうか。

サウナの後の雪浴び？　不思議と寒くない。

【寒そうで寒くない
　　　フィンランド式健康法】

　私がオーロラ取材でフィンランドに行った時、同時に現地の生活も取材しました。彼らはよくサウナに入るんですが、その後に氷水に入るんですよ。それも気温マイナス10度近くの屋外に掘られた氷がはりそうな池に入るんです。私には罰ゲームにしか思えませんでしたが、彼らは実に気持ちよさそうに入るんです。私も氷風呂に挑戦することになってしまいました。スタッフからは、「ムリしないでくださいね！」と心配されましたが、その通りとんでもなく冷たい。

　ところが氷水から出たら、あら不思議。雪にダイブしようがマイナス1度のなかで裸でいようがぜんぜん寒くないんです。体が寒さで麻痺しているのか？

　それからというもの真冬に水風呂に入っています。おかげで風邪も引かなくなったような。寒さ対策は、本当に寒い国に学ぶのもアリですね。

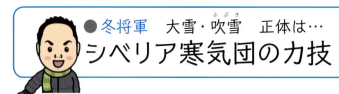

● 冬将軍　大雪・吹雪　正体は…
# シベリア寒気団の力技

「冬将軍!!」。冬になると、各テレビ局のお天気コーナーで登場するキャラクターです。局によって、冬将軍のイラストは違いますが、いったいアレは何者なのか？？？

実は、ある歴史上の人物が関係しています。明智光秀、徳川家康、伊達政宗…。いえ、日本人ではありません。この言葉の由来となった人物は歴史上の超有名人なんですよ！　その人はかつてヨーロッパを征服し、フランスの名を世界にとどろかせた人物。そうナポレオン・ボナパルトです。

ナポレオン＝冬将軍？　ちょっとピンとこないかもしれません。ナポレオンはヨーロッパを征服した後、ロシアを攻めたのですが、あの広大な大地をうまく利用したロシア軍に翻弄され、さらにシベリア寒気団の猛烈な寒さにとどめを刺され、ロシア遠征は失敗に終わったのです。「余の辞書に不可能の文字はない」といっていたナポレオンも、この冬の寒さには耐

えられなかったようです。こうしてロシアが勝利したわけなんですが、その時の新聞に書かれたのがこちら、「general frost（極寒の将軍）に負けたナポレオン」。これが冬将軍の名前の由来です。

　つまり、冬将軍とはナポレオン軍を苦しめたシベリア寒気団のことでした。このため、日本でも厳しい寒さや大雪をもたらすシベリア寒気団がやってくる頃に冬将軍という言葉を使って解説することがあります。今度天気予報で冬将軍という言葉を聞いたら、ナポレオンを思い出してくださいね。冬将軍がやってくると、日本海側で大雪、太平洋側は乾燥した晴天の日が続きます。ただし、晴れていてもブルブル震える寒さ。防寒対策は万全にしてお出かけくださいね。

「とくダネ!」の冬将軍はこちら。

● 積雪の　世界記録は　滋賀にあり
# ビルの4階まで雪が積もった！

　世界には豪雪地帯と呼ばれる場所がたくさんあります。日本でも、青森県の酸ヶ湯は2013年に5メートルを超える積雪を記録していて、現在も観測されている気象庁の観測所での最高記録を保持する豪雪地帯です。

　ところが、これまでの積雪の世界記録はなんと11.82メートル。だいたいビルの4階まで雪が積もったことになります。すごいですよね。観測所も設置されていない山奥にはもっと積もっている所がありますが、この11.82メートルが公式の世界記録です。しかもこの記録、なんと日本で観測されたものなんです。

　その場所は北海道でも青森でもありません。琵琶湖のある滋賀県の伊吹山で、1927年2月14日に記録されました。積雪の世界記録が日本にあり、しかも滋賀県だなんてびっくりじゃないですか？

実は、滋賀県の伊吹山は近畿地方にありながら豪雪地帯なんですよ。というのも北側に高い山がないので、冬は日本海から直接雪雲が流れ込みます。さらに若狭湾周辺は対馬暖流が通っていますから大量の水蒸気を補給して雪雲が発達、その雪雲が伊吹山にぶつかることでさらに雲は大きく成長して大雪を降らせるのです。東海道新幹線が通る関ケ原あたりでは大雪のために徐行運転をすることがよくありますが、ここは伊吹山のふもとです。関ケ原が大雪になる時は、第一級の寒波が日本にやってきている証拠です。日本列島は数日間強烈な寒さが続きます。逆に関ケ原がたいした雪じゃない時は寒さも長続きしないことが多いです。また、風向き次第では雪雲が名古屋まで到達し、交通機関に大きな影響を及ぼすことがあります。

　その昔、ヤマトタケルも最後は伊吹山の神様が降らせた巨大なひょうにぶつかり、大きなダメージを負って命を落としたと伝えられています。

天下分け目の関ケ原は
天気も分ける注目の場所。

● 樹氷群 世界に誇る モンスター
# 寒さと湿度、風がつくる幻想世界

　蔵王には世界的にも有名な樹氷群があります。樹氷はただ寒くて雪が降ればできるものではありません。さまざまな気象条件が重なって初めてでき上がります。
①気温が氷点下10〜15度以下である
②適度な湿気がある
③一定方向からの風が吹く

　の3つの条件があげられます。これに冬でも葉をつけるアオモリトドマツという木があることで、氷や雪がくっつきやすく樹氷が成長していきます。ブナなどの広葉樹だと、冬に葉が落ちてしまうため雪や氷がくっつきにくく、樹氷は成長しません。蔵王はこれらの条件が奇跡的に満たされ、世界でもほとんど見ることができない大規模な樹氷群をつくり上げているのです。

　例年、12月頃から枝や葉に氷がくっつき始めます。1月にな

ると氷の上に雪が積もり始め、風に向かってエビのしっぽのような形ができてきます。2月に最盛期となり、3月中旬頃まで見ることができます。成長した樹氷群は大きく、とても迫力があり「アイスモンスター」と呼ばれています。蔵王の樹氷群は標高1300〜1700メートル付近に群生していて、見に行くにはロープウェイを使って山頂付近まで登ります。シーズン中は夜間にライトアップもしていて、幻想的な美しい樹氷を楽しむことができます。ただし、夜の蔵王は氷点下20度くらいまで冷え込みます。

　蔵王といえば、温泉も目玉の1つですよね。私が樹氷の取材に行った時のこと。温泉は十分満喫することができたのですが、いろいろな都合で温泉のロケの後に樹氷を見るというスケジュールになってしまい、温まった体は一瞬で冷えてしまいました。でも不思議ですね。ものすごく寒いはずなのに、ずっと眺めていたくなるんですよ。寒さも忘れて、動き出しそうな樹氷に見入ってしまいました。みなさんも防寒対策をしっかりして、一度ご覧になってください。

蔵王の樹氷群。まさにモンスター。

● ロシアから　おふくろの味　届く冬
# 流氷の故郷はアムール川

　北海道の冬の風物詩である「流氷」。知床半島や網走などでは毎年2月頃、海が一面流氷で覆われます。流氷ってなめたらどんな味がすると思いますか？

　しょっぱいのは想像がつくと思いますが、ちょうど味噌汁と同じくらいの塩分濃度なんですよ。しょっぱすぎず、薄すぎず…、流氷はおふくろの味がするんです。

バードウォッチングもできます。

　これは流氷の生まれ故郷に秘密があります。

　故郷はロシアのアムール川。真水は海水より凍りやすいため、アムール川の真水が大量にオホーツク海に流れ込むことで流氷ができます。海水が凍り始める時は真水の部分から凍っていき塩分が逃げていくため、流氷は海水より塩分濃度が低く、ちょうど味噌汁と同じくらいの塩加減になるんです。

　流氷は12月以降、北風に乗って南下し、1月中旬頃から北

オホーツク海の流氷をバックに、完全防備で。

海道に近づきます。アザラシや羽を広げると2メートル以上にもなるオオワシやオジロワシなど、たくさんの生き物が流氷を心待ちにしています。さらに流氷の下の海はミネラルが豊富にあり穏やかなため、魚たちにとっても豊かな世界が広がっています。

　流氷を初めて見た時は「うわ〜」って感動した後、次の言葉が見つかりませんでした。真っ白な流氷が水平線まで永遠につながっているように見えて、陸と海の境目がまったくわからなかったんです。もう目の前が白い画用紙みたいなんですよね。でも流氷はとっても気まぐれ！　海をびっしり覆っていても風次第で、翌日ははるか彼方へ遠ざかってしまうこともよくあるそうです。真っ白な世界から一夜にして大海原に。流氷はまるで生き物のようです。もし、疲れて流氷の上で寝てしまったら…。考えただけでも恐ろしいですね。

- 枯れ木かな？　いやいや生きてる　霜の花
# 氷の結晶が美しいシモバシラ

　霜柱って、みなさんご存じですよね。私も子どもの頃、ザクザク踏んで遊んだ記憶があります。最近、都市部ではアスファルトに覆われてしまって霜柱も見かけなくなってしまったなんて話を聞くと、なんだかさみしいです。

　そんな霜柱ですが、霜柱とは別物の「シモバシラ」という名前の植物があるんですよ。この植物は冬には枯れてしまったような姿になるんですが、根っこはしっかり生きているんですね。冷え込んだ朝には根が土のなかの水分を吸い上げて、茎から染み出し、氷点下の外気に触れて白く凍りつきます。これが繰り返されて茎の表面で氷が成長し、霜柱の花をつくる。これがシモバシラの名前の由来です。東京では高尾山周辺でよく見られます。冷え込む場所では、みなさんの町にもシモバシラの花が咲くかもしれません。ちなみに、シモバシラの本当の花も白くてかわいく、霜柱みたいなんですよ。

● 山奥に　まるで神殿？　氷柱だ
# トンネル内でグンと成長

　日本にはいまだあまり知られていない聖地があるんですよね〜。だれが見つけたのかな？

　福島県福島市と山形県米沢市にまたがる栗子峠の旧道「万世大路」に残るトンネル跡の1つに毎年巨大な氷柱が現れます。雪深いこの地で、スノーシューを履いて斜面を1時間以上登って行くかなりの秘境ですが、すごいらしいです。これは私も一度見てみたい…。

　そのトンネルのなかには5メートルはあろうかという氷柱がいくつも並んでいて、人が小さく見えるそうです。巨大な氷柱ができるのはトンネルのひび割れから地下水が染み出し凍りつくから。さらに風がほとんどないことも手伝って大きく成長しているようです。まるで神殿のような景色ですが、山奥すぎてガイドさんと一緒じゃないと迷っちゃって危ないらしいです。自然がつくり出した絶景ってすごいですね。

● 宙に浮く　真冬の富士山　神秘的
## 感動の天気予報がしてみたい

　富士山が宙に浮く!?　ちょっと信じられないような現象を、真冬に条件がそろうと見ることができます。

　宙に浮く富士山が見えるのは、なんと200キロメートル以上離れた三重県の伊勢志摩。地上で富士山を拝める、最も遠い場所の1つです。

　富士山が宙に浮いて見えるのは、海水と水面近くの空気の温度差により光が屈折して起こる蜃気楼の一種です。冬の伊勢志摩は、沖合を黒潮が通っているため海水温が高く、その上の空気との温度差が大きくなりやすいんですね。でも毎日見られるわけではなく、空気が澄んでいて遠くまで見渡せたり、水平線近くに雲がないことなど条件がそろわないとなかなか見られません。

　夢は宙に浮く富士山を見ながらの「とくダネ！」の天気予報。感動するだろうなぁ…。

## おわりに

　最後まで読んでくださいまして、ありがとうございました。いかがでしたか？

　私たちの暮らしのなかには、天気に関係した自然現象や豆知識がたくさんあります。日本の四季がつくり出す絶景（ぜっけい）から食べ物まで、天気とまったく関係ないもののほうが少ないかもしれません。

　「とくダネ！」では、これまでいろいろな場所に行かせていただきました。そこで感じたこと、見たこと、勉強して知った豆知識などをみなさんと共有し、より天気を身近に感じて生活に役立てていただけたら、こんなにうれしいことはありません。

　実はこの本、当初の計画ですと、2017年に発売する予定だったんです。ところが、僕の筆がなかなか進まず…イラストもどれを入れようか？　どんなイラストを新たに描いていこうか？　僕のなかでなかなか上手くいかないことがありました。そんな時、助けてくださった人たちがいました。「とくダネ！」のスタッフとして毎日働いているにもかかわらず、この本のために一緒（いっしょ）になって汗を流してくれたプロデューサーの坂本隆太さん、ディレクターの今野秀隆さん、清水貴士さん。そして、僕のイラストを見てこの本をつくりたいと最初にいってくださった幻冬舎の鈴木恵美さん、いつも適切なアドバイスをくださった鮎川京子さん、本当にありがとうございました。心より御礼申し上げます。

　　　　　　　　　　　　　　　　　　　　2018年5月
　　　　　　　　　　　　　　　　　　　　天達武史

**天達武史**(あまたつ・たけし)

1975年生まれ。神奈川県横須賀市出身。神奈川県立津久井浜高校では野球部で活躍。御茶の水美術専門学校デザイン科卒業。在学中からファミリーレストランで9年間アルバイトとして勤務。店の前が海だったため、天気で客数が大きく変化することから気象予報士に興味を持つ。2002年、気象予報士試験に合格。2005年からフジテレビ「情報プレゼンター とくダネ!」で天気予報を担当。"アマタツ"の愛称で親しまれ、好きな気象予報士ランキングでは通算6度のNo.1を獲得。小さな子どもからおじいちゃん、おばあちゃんまで、わかりやすく、興味を持ってもらえるような天気予報「1日1へぇ〜」をモットーに日々奮闘している。

装幀　伊藤祝子
協力　とくダネ!スタッフ
キャラクターイラスト　とくダネ!CGスタッフ
本文デザイン　伊藤祝子
DTP　美創
編集協力　鮎川京子
編集　鈴木恵美(幻冬舎)

JASRAC 出 1800708-801

# 天達のお天気1日1へぇ〜
### 自然にはびっくりがいっぱい!

2018年6月20日　第1刷発行

著　者　天達武史
発行者　見城　徹

発行所　株式会社　幻冬舎
〒151-0051　東京都渋谷区千駄ヶ谷4-9-7
電話　03-5411-6211(編集)　03-5411-6222(営業)
振替　00120-8-767643
印刷・製本所　図書印刷株式会社

検印廃止

万一、落丁乱丁のある場合は送料小社負担でお取替致します。小社宛にお送り下さい。
本書の一部あるいは全部を無断で複写複製することは、法律で認められた場合を除き、著作権の侵害となります。
定価はカバーに表示してあります。
©TAKESHI AMATATSU, GENTOSHA 2018
ISBN978-4-344-03309-2 C0095
Printed in Japan
幻冬舎ホームページアドレス　http://www.gentosha.co.jp/
この本に関するご意見・ご感想をメールでお寄せいただく場合は、comment@gentosha.co.jpまで。